先生、それって「量子」の仕業ですか？

Is that a quantum effect?

大関真之

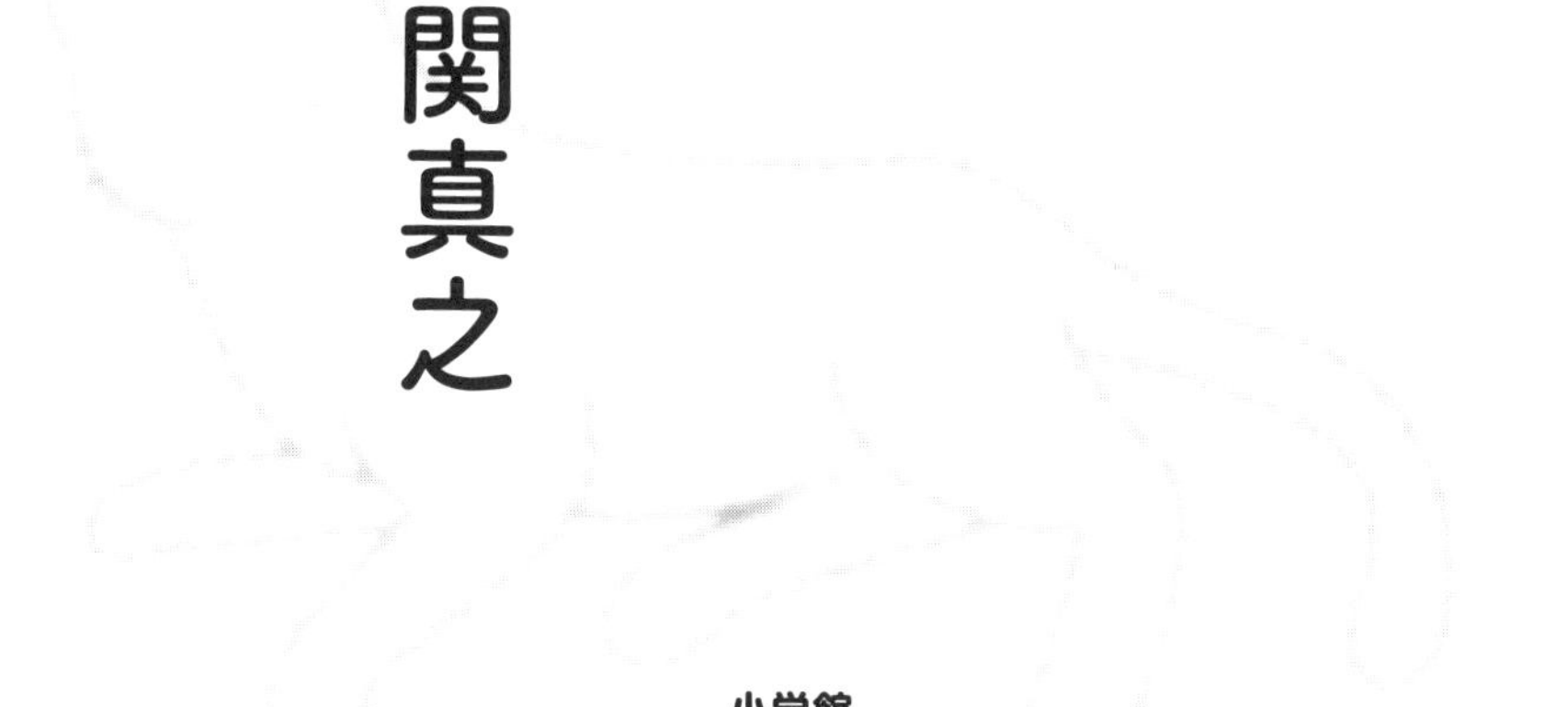

小学館

はじめに

「明日の飲み会、お前行く？」

「行けたら行くよ」

飲み会を企画すると、声をかけた仲間の中にこんな返事をする人がよくいます。人間の世界ではそういう人は大概来ないというのが、お決まりのパターン。やんわり断るための常套句です。

「行けたら行く」と言われた時に幹事として何が困るかというと、その人物が来るのか来ないのか、本当のところは当日までわからないということ。当日になってみたらそこにヤツがいる。あ、こいつは来るヤツなんだな、と認識する。次に飲み会を計画すると、そいつはまた「行けたら行く」と言う。きっと来るもんだと思っていたら来なかった。

……本当に気まぐれで、返事はいつも曖昧。困ったものです。

実は、それがこの本の主人公、「量子」です。この世の中は、そんな気まぐれなヤツで埋め尽くされている世界です。その「量子」たちが目の前にある本の紙、人間の体、宇宙に至るまでこの世界のすべてを構成しているのです。

「量子」なんて言葉、普段はあまり聞くことがないかもしれません。しかし量子は非常に身近なものです。僕たちの日常的な動作にも何気なく〝「量子」の仕業〟が関わっています。皆さんがこれまで毎日接してきたもの、目にしてきたものなのに、まったく気づかなかった世界……。もしかするとこの本を読んだ後には、すべての事象に対して見方や考え方が一変するかもしれません。

僕は研究者です。普段は大学の教員として講義を行いながら、頭に浮かんだ様々なアイデアをふくらませて研究活動をしています。研究分野は統計力学、量子力学、機械学習ですが、この本には理系の本にありがちな難しい数式も理屈も一切入れていません。専門用語の一切を省きました。特に科学や数学に日常触れることのない方々にも、科学の世界の面白さ、不思議さ、奥の深さを知ってもらいたい――それが、研究者である僕の、もうひとつの重要な使命であると考えているからです。

量子の世界という僕たちのすぐそばにある別世界を覗き見ることで、皆さんの未来の見方を変えたいと思います。

まずは、量子の世界の風変わりな様子を眺めてみましょう。それから、身近な現象に量子の世界の住民が関わっていること、宇宙の成り立ち、生物の成り立ち、世界的に急速な進化を見せる量子コンピュータ、さらにその先に待っている未来について、お話ししていこうと思います。

短い間ですが、不思議な世界にお付き合いください。

目次

第2章

量子で考える、宇宙と生命の謎

第3章 藤子・F・不二雄と量子の世界

第4章　未来への挑戦

第1章

量子の素顔

そもそも「量子」ってなに？

今あなたの体を、小さな粒がすり抜けました。

――こう言われて信じる人がいるでしょうか。小さいとはいえ粒であれば、体に当たったら弾けるとか、体に穴があくとか、多少は何か影響が残りそうなものです。すり抜けるなんてありえないと思うでしょう。

しかしこれは実際に起きていることなのです。２０１５年に東京大学の梶田隆章教授がノーベル（物理学）賞を受賞したことは記憶に新しいところですが、そのとき話題になった「ニュートリノ」という言葉を覚えている方もいるかもしれません。これは非常に小さい粒の名前です。宇宙から飛んでくるその粒は、衝突することなく、人間の体はもちろん地球ですら丸ごとすり抜けていってしまいます。誰にも見えないほど小さく、目にも止まらない速さで飛び交っています。

「量子」とは、この小さな粒のように「これ以上小さくすることができない」という、この宇宙の誕生以来決められている、物理量の限界単位です。そんな限界が存在するなんて知らなかった、という人もいるかもしれません。普段そんなことを感じることなく生活できるのは、僕らの体がその限界に対して巨大すぎるからです。

どれほど小さいものなのでしょうか。木片でもコンクリートでもいいですから細かく砕いてみましょう。顕微鏡でやっとわかるようなサイズになり、さらにそれを小さくして顕微鏡でもわからないくらい粉々にし、なお細かく砕いた先にようやくその限界の世界に到達します。ちょうどCO_2やH_2Oなど、皆さんが学校で習った「分子」や、それらを形作る「原子」などが登場する世界です。この原子や分子もそんな小さな粒の仲間で、僕らの体を含め、目の前にあるものを作る小さな粒の集合体です。どんどん積み上がって大きくなり、ものも生物も、

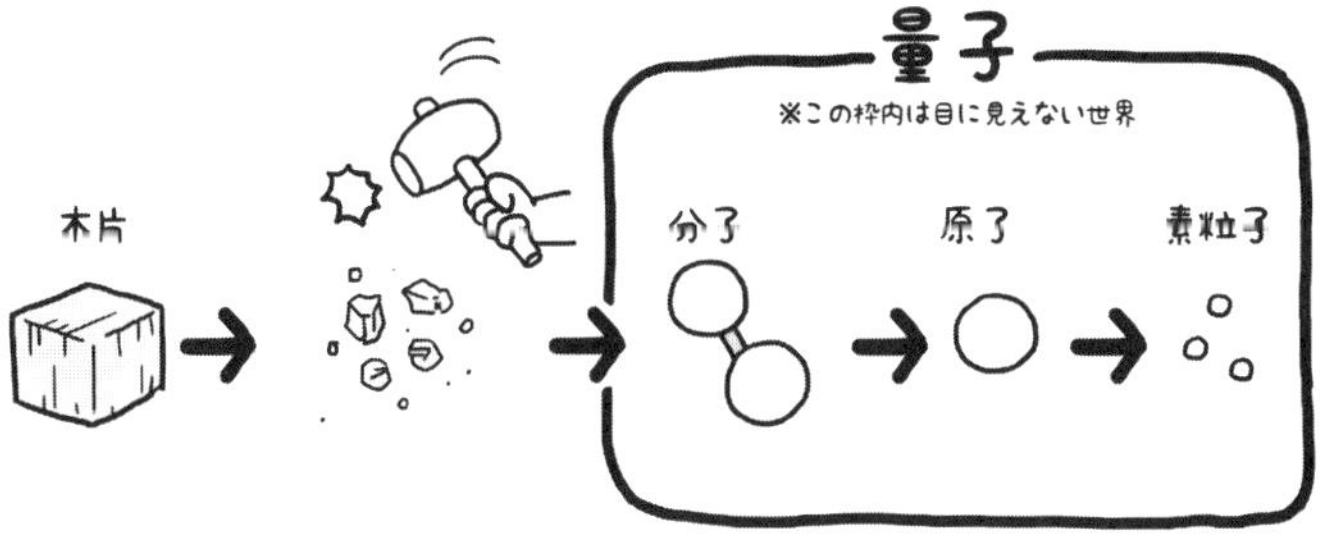

そして大きな星すらもできあがっています。

ということは、この小さな粒が僕らの世界を構築しているのだから、その小さな粒のことを理解したら、世の中のありとあらゆることが理解できるのではないか？　そんな気がしてきます。ですが、この小さな粒たちは彼らの世界、つまり量子の世界では、僕らの世界の常識とはまったく異なることを引き起こします。

僕たちの常識では、小さな粒といえども同じ操作をすれば同じ動きになりますし、何もせずに置いておけば、そこで留まり続けるものです。でも非常に小さい粒になると、〝量子の仕業〟で、同じ操作をしても異なる結果をもたらします。何もせずに置いておいたとしても、常に同じ場所に留まることができない落ち着きのない立ちふるまいを示すのです。他にもいろいろ不可解な挙動を示します。

そんな限界ギリギリの「量子」の世界で起きる奇妙な現象を、最も端的に表した実験について紹介しましょう。

20世紀で最も美しい実験「二重スリット実験」

この二重スリット実験は、量子の不可解さを最も顕著に表した実験です。

最近ではプレゼンなどでスクリーン上の文字を指し示すツールとして「レーザーポインタ」がありますよね。このレーザーはまっすぐ進む光を発生させて、壁やスクリーンに当てて光の点を示すものです。このレーザーを壁やスクリーンに向けて照射して、レーザーポインタとスクリーンの間にたて長の細い穴が二つ並んだスリットというものを用意します。ここで二つの細い穴の間隔が非常に狭いものを用意します。そのスリットにレーザーを当てて光を二つの穴に通します。どんな結果が出てくるか、想像してみましょう。

まず光について考えましょう。光をつい立てに当てると、その後ろは影となります。影は光が当たらないところですから、光を遮ることができるものと言えます。つまり、邪魔になるものを置くとそこを通り抜けることができないということになり、光は何かしら形を持つ〝実体〟としてあるものと考えてよさそうです。光は鏡に当たると反射しますし、壁の材質によっては壁に当てると反射して別のところを照らします。部屋の明かりは直接蛍光灯で照らす以外にも、間接照明で壁に光を当てて周りを照らすことができます。光は壁に当たると跳ね返る、僕たちがよく知っているボールと同じ動きをします。そうなると、馴染みのある概念で言えば、光は「粒」（実体のあるもの）と言えそうです。つまり、レーザーポインタは〝光の粒が大量に飛び出す装置〟と想像することができます。その大量に飛び出た光の粒が、二つの穴に飛び込むわけですから、二手に分かれてスクリーンに当たるはずだ、と考えられます。

ちょうど野球のピッチャーが細い穴めがけて球を投げるイメージです。穴をたまたまう

まく通ればそのままままっすぐ飛び、奥のスクリーンに当たる。二つの穴の片側を通ったものと、もう片側を通ったものがそれぞれまっすぐスクリーンに当たり、二つの光の輝点、光の球がよく当たる場所ができるはずです。さて正解発表です。

気になる実験結果は——

スクリーン一面に「縞模様」ができあがります。

えっ？　と驚いた人もいるかもしれません。そんなバカな、と疑う人もいるでしょう。自分の眼で見ないと信じられないかもしれません。

この結果を見ると、どうやら光は僕たちがよく知っているただの「粒」とは違うようです。ちょっとこれまでの常識では理解できない変わった性質がありそうです。

市販のレーザーポインタでは残念ながらできませんが、今は、光の出力、強さを弱めて光の「粒」を出すことが

できる技術があります。その技術を使って再び二重スリット実験を行うとしましょう。紛れもなく光の「粒」を使っていますので、今度こそ、スリットの形どおりの光が壁に現れるはず。そしてスクリーンに映るのは？

やっぱり縞模様が浮かび上がってきます。

この縞模様の浮かび上がり方が面白いもので、一個ずつ粒を飛ばして、その粒がスクリーンに当たると、一点輝く。そしてもう一個飛ばすと、スクリーンに当たり、一点輝く。しかし同じところ……ではないんです。違うところが光り輝く。ちょっとずれただけかもしれない、ということでまた何回か光の粒を飛ばしてみても、さらに異なる場所が光り輝く。そうして違う場所に光の点が積み重なっていき、できあがる模様を見ると、市販のレーザーポインタでできるような縞模様が浮かび上がってくるのです。

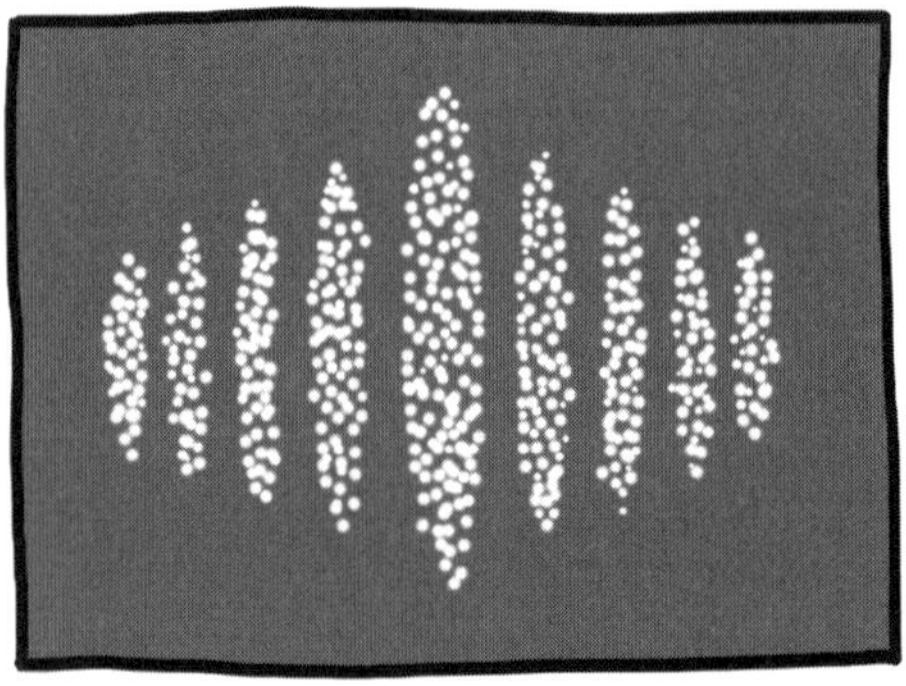

ここで量子の一端が見えてきます。
《同じ操作をしても同じ結果を示さない》
何だか、小さな粒をうまく操るのは難しそうです。

では、なぜ縞模様なのか?
スリットの穴の片方を塞いで、光の粒を飛ばしてみます。すると、スクリーンの一部分が光り輝いている。今度はもう片方を塞いで、光の粒を飛ばしてみます。先ほど光り輝いたところとは異なるスクリーンの一部分が光り輝いています。よしよし、〝常識的〟な結果が出た。それじゃあまた、二つの穴を開いたまま光の粒を飛ばすと——

またまた縞模様が現れる。

これはおかしい。光の粒は確かにどちらかの穴を通っていたはずです。どちらかを通っているわけですから、スクリーンにスリットの穴と似たような線状に一つ光るところが出るだろうと思って試してみると、何度試してみてもやっぱりスクリーン全面に縞模様。

この縞模様を簡単に見たい人は、音楽を聞くために購入したCD－ROMや映画を見るために買ってきたDVD－ROMなどにレーザーポインタを当ててみてください。そこから反射した光を壁に映すと同様に縞模様が見えます。ちょっと大きめに縞模様が見えるかもしれません。暗くしていろいろ角度を変えて調整しながら探してみてください。これもスリットで行う実験と同じ原理で縞模様ができあがります。

光は単なる「粒」ではない。僕らの常識では説明できないことがご理解いただけたかと思います。これはまぎれもない事実であり、幾度もくり返し実験して確認されている揺るぎない結果です。

光の粒は一体何をしているのか？

二つの細い穴のうち片方の穴を閉じてみて、もう片方のみを通る場合はただの粒と似た動きを示します。しかし二つの穴を開いてみると、それらの結果を足し算した結果になりそうなのに、なぜかまったく異なる縞模様を映し出す。光の粒はどうやらただの粒ではなさそうです。

　では、二つの穴のそばに仕掛けを置いて、粒がどちらの穴を通ったかを調べることにしましょう。つまり、粒たちの動きを常に監視するというわけです。光の粒を二重スリットめがけて飛ばします。仕掛けが反応して、こちら側を通りました、あちら側を通りました、と次々に光の通り道が明らかとなります。仕掛けは問題なく作動しているようです。

　しかしここでスクリーンに目をやると、なんと縞模様が消えてしまいました。縞模様は消えて、まるでただの粒をたくさん投げたかのように、スリットを通った粒がまっすぐスクリーンにぶつかり二つの明るい場所ができあがります。

　どうもスクリーンに映し出される縞模様は、

《監視の目がない状態——つまり、どちらの穴を通

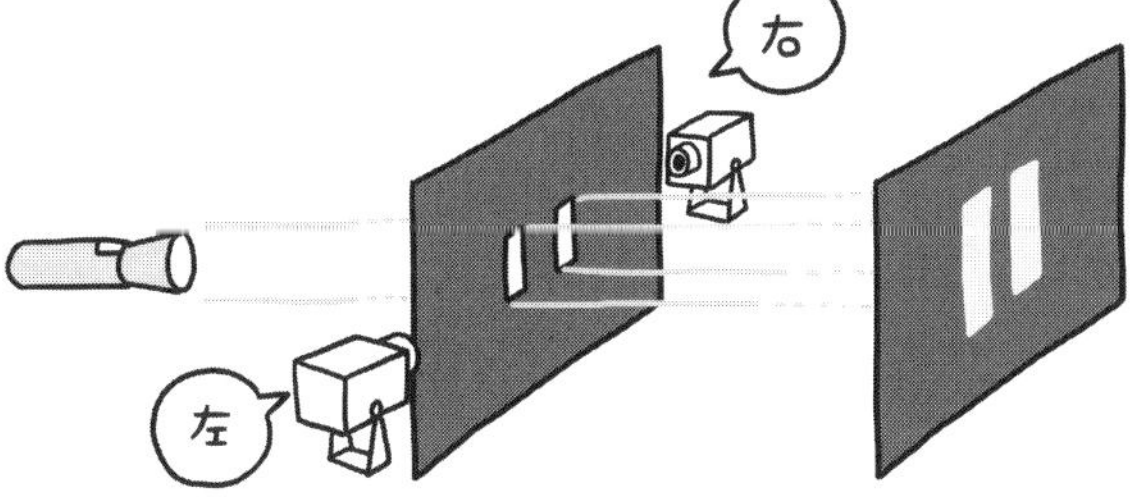

ったかを光の粒に申告させずにスリットを通してあげないとできないものである》

さらに、

《どちらの穴も同時に通れる状態にしないとできないものである》

ということがわかります。

これらの事実から、光の粒を投げるとき、どちらの穴を通るのか、両方の可能性を残している状態かどうかが、縞模様の形成に関わっていることがわかります。

異なる可能性を組み合わせる量子

僕たちの世界では、ものの動きは見られているかどうかにかかわらず決まっています。

たとえば二重スリットのように穴が二つ開いているところにボールを投げるとしましょう。見えるほどの大きさの球であれば、どちらかの穴を通り、まっすぐスクリーンに向かってぶつかります。そして、常にその様子を見ることができます。左側の穴を通れば、スクリーンの左側にぶつかり、右側の穴を通れば、スクリーンの右側にぶつかるといった具合です。誰かが見ていようが見ていまいが、ボールが様々な場所に勝手に動き回って壁一面に縞模様のあとがつくことはありえません。

光の粒は一体どういう動きをしているのでしょう。僕たちの世界の常識ではとても理解できませんが、納得のいく説明をするとすれば、その動きは、

《異なる二つの可能性の「両者を持ち合わせている」》

ということくらいしか考えられません。飛び出した光の粒は、ひとつの粒であっても、左の穴を通った光と右の穴を通った光の「両者を持ち合わせる」という大胆な発想です。

……う～ん、わけがわかりません。

この発想、粒という〝実体〟を考えるとなかなか受け入れがたいものでもあります。光の粒が二つに分裂して、再び一つに戻るのか？　と想像されることでしょう。スリットの穴の手前で仕掛けを施してどんな様子なのかを観察してみても、光の粒が分裂した様子もありません。どうやらそういうわけではないようです。

そうすると〝実体〟とは異なる何か別のものが存在しているような気配がしてきます。

量子の世界に忍びあり

ものの動きには、軌道がつきものです。我々の世界でも、ここからある方向に向かって球を投げると軌道があり、その軌道に沿ってものは動きます。軌道の決まり方には自然の法則があります。「ニュートンの運動方程式」などは聞いたことがあるかもしれません。

この軌道というものは、実体である〝もの〟がたどっていく道とも言えるもの。この軌道から突然ものが消えて、まったく別のところに現れるということは、これまで自然に起きたことはありません。一度実体を現したものは、そのままそこに存在しています。それが僕たちの常識です。それでは、もしもその実体を見ることができなかったらどうでしょうか。

僕たちが目にする普段の世界では、常にその姿を晒さなければなりません。姿を晒すというのは、光であったり音であったり、何がしかの形でどこにいるかを示すことで実体を晒すという意味です。目に見えるということは、光の粒がそのものにぶつかり跳ね返り、僕たちの目に飛び込むためです。音が聞こえるのは、空気を揺らして、その振動が耳の感覚器官に届くためです。人間が見たり聞いたりしていなくても、僕たちの世界では、ものが動けば周りにいる小さな粒を押して動かしてしまい、何がしかの形で記録が残ってしまいます。そのため姿形を隠すことが難しい。しかし小さな粒は、証拠を残さず、他の小さな粒を動かさずに移動することができます。小さな粒同士であればぶつかることなく、すり抜けることができるからです。小さい粒は実体を明かさずに、隠れたまま移動することすらできる。ここにカラクリがあるわけです。

二重スリットの実験でも、スクリーンに到達するまでは光の小さな粒がどこにいるのかわかりません。左を通ったのか右を通ったのかを調べるためには、小さな粒に触れる仕掛けを施さない限りはどこを通ったのかわかりません。それをいいことに、可能性のある複数の経路のどれをも保持しておくのです。

小さな粒に「どっちに行くの？」と聞いても無駄です。何せ、どちらにも行けるのですから。ものの動きは無限の可能性から選ばれており、途中でどんな動きをしているかチェックを受けなければ、複数の可能性を残したまま進むことができます。これが量子の世界。

《小さな粒は、複数の場所に同時に存在する》

――この不可解な真実が、量子力学の核になるものなのです。

また、それこそが、ノーベル賞を受賞した天才物理学者リチャード・ファインマン博士をして、「本当に量子力学を理解している者はいない」と言わしめ、この分野がいかに深遠な世界かを示すものです。

こうして考えていくと、小さな粒はまるで〝忍者〟のようですね。しかし、小さな粒自身が忍者のように動き回り、二重スリットの穴のどちらも通るのであれば、一回引き返す必要があります。しかし光の粒が一度穴を通過した後に引き返してもう一度もう一方の穴を通過するというのは無理のある発想です。

そうなると、小さな粒はあくまで小さな粒という〝実体〟であり、その背後には忍者のようにあらゆる可能性を模索する、実体と分離したものが別に存在する必要がありそう。それが、多くの量子に関する本に登場する「波動関数」というものです。

縞模様ができるわけ

光というのは、昔から人間の興味を強く引いていたため、その本質を理解しようという研究が盛んに行われてきました。アルバート・アインシュタイン博士の相対性理論なども、光の本質をえぐるユニークな研究です。

光の正体は、水面に立つあの波と同じものである——

それが過去に人類の到達した光に対する理解でした。

光の正体が波であるとしていた時代では、光が見せる縞模様はそれほど抵抗を感じる現象ではありませんでした。

まず、光が波であるという根拠はどこにあるのでしょうか。実は光を細いところ、それこそスリットを通ると、その道筋が広がり辺り一面を光り輝かせるという性質がありました。これはちょうど湾内に波が押し寄せてきた時に、細くなった湾口を経て、湾内に波が広がって伝わるのと同様の性質であり、光が水を伝わる波を連想させるわけです。さらに光が波であるという証拠として、例の縞模様があります。小さな粒の存在がまだ明らかとなっていない時代には、この縞模様ができるという事実は、光が波であるとする根拠として使われてきました。

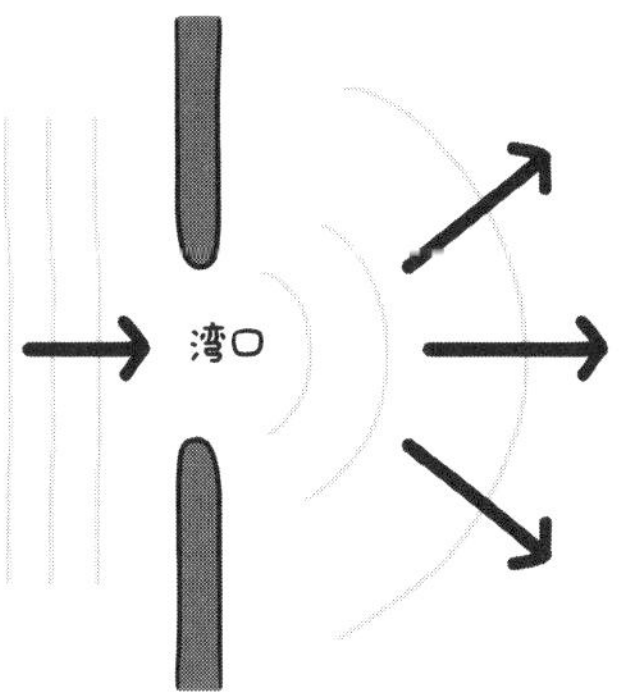

波というのは上下する動きが周期的に繰り返されることで生じる現象です。野球場などで観客が選手の応援をする際に、ウェーブと称して大勢の人が一斉に立ち上がります。ただしそのタイミングをお隣さんと少しずらすことで、全体として波のような動きを示す様子を見たことがあるでしょう。それがまさに波の原理を表しています。水面に立つ波は水面を叩くことで発生させることができます。表面を叩かれた水面が元に戻ろうとすることで上下に揺れ動きます。その上下の動きが周りに伝播することで、波ができあがっています。

この波が重なると、どんなことが起きるでしょうか。

波の正体は上下に揺れる動きが伝わっているものだとわかると、すんなりと理解することができます。二つの波がぶつかり合う時に、この上下の動きがタイミングよく重なると、この上下の動き（波）はさらに激しいものになります。一方で、タイミング悪く重なると、上下の動き（波）をかき消してしまうことがあります。ちょうど波が来て盛り上がった時にジャンプすると高く飛び上がることができるのに対して、波が来て水面が凹む時にジャンプをするとあまり飛べないことを想像するとわかりやすいでしょう。そうやって二つの波が重なった場合、上下の動きの激しいところ、まったく動かないところの2種類の目立った波の動きを示すことがあります。これは「波の干渉」という現象です。光の正体が波であるなら、その干渉現象を作り出すことで、光の波が激しく動いているところ、光の波がかき消されたところを作り出すことができます。これを「光の干渉縞」と呼びます。この干渉縞が二重スリット実験で見られた縞模様の正体です。

光が粒であるという衝撃

なんだ、それなら光は波であると考えればよいではないか、という気がします。実際、光が波とする説は最近まで信じられてきました。それを覆したのは、特別な金属に光を当てた時に、電気の粒が出てくるという発見からでした。光電効果といいます。この現象の解明にアインシュタインがその洞察の中で、「光は粒である」と考えないと説明ができないことを見抜き、光が波であるというそれまでの説に異論を唱えたのです。様々な実験を通して、光が粒であるという証拠が次々に見つかり、今では光の一粒一粒を出すことも、その数を数えることも可能となりました。

それでは、縞模様は一体何だったんだ？　光は波ではなかったのか？　波だからこそ縞模様になるはずで、粒であると認めると縞模様ができるというこれまでの実験結果との矛盾が起こります。そのため、大激論が繰り返されてきました。

その激論に決着をつけるアイデアが、前出の「波動関数」の存在でした。〝実体〟としての光、それは粒という形で現れる。しかしその動きを決めるのは、波の性質を持った、裏で暗躍する何かがないとおかしいだろう、というわけです。

このアイデアを正しいと決定的に裏付ける実験こそが、前に紹介した、二重スリットに光の粒の一つ一つを飛ばすというものだったのです。

スクリーンには確かに光の一粒一粒が現れる。光の実体が粒であるという証拠です。しかしこの実験を続けると、だんだん縞模様が浮かび上がる。その動きは単なる粒の動きとは異なります。スクリーンをよく見てみると、光の粒はてんでんばらばらにいろいろなところを光り輝かせる。光の粒は決まりきった動きをしていません。たった一つの軌道ではなく、あらゆる可能性を持った複数の軌道を持っていることがわかります。さらに、縞模様ができることから、二つの波を重ね合わせた時のように、左の穴と右の穴のどちらかを通るという二つの異なる可能性を「重ね合わせた」動きを示すことが確認されるというわけです。そのため、光の粒をはじめ小さな粒の動きを考えるには、波の方程式を利用するといいだろうということで、「波動関数」という、小さな粒の動きを予測するための数学的な道具を、実体とは別に用意して考えることになりました。フランスの理論物理学者ド・ブロイによる大胆な発想に基づき、オーストリアの物理学者エルヴィン・シュレーディンガーが波動方程式という形で小さな粒の動きに関する研究をまとめ上げました。

小さな粒を知る限界

その波動関数が実際何なのか、未だにはっきりとしたことはわかっていません。ただこの波動関数を利用すると、〝波立つところは小さな粒が結構な頻度で現れやすい〟〝波立たないところでは小さな粒が現れにくい〟ということを予測することができます。しかし、次にどこに来るのか？　というレベルの確かなことは予言できません。ここに来る可能性が高い、ということまでしかわからないのです。なんだか腑に落ちないと思いますが、我々が小さな粒のことを知るには「限界」があるようです。粒がいる場所は〝確率〟でしか予測できません。

もう少し馴染みのある概念に近づけてみると、天気予報がわかりやすいかもしれません。台風の軌道や明日の降水確率など、確実なことは予測できません。それは台風の軌道を決定する事情が複雑で、未だに僕らの計算の能力が追いつかず予測が難しいからという理由です。それは純粋に僕らの計算能力の限界のせいです。しかし量子の世界では、計算能力に関係なく、予測することのできる範囲には本当に限界があるのです。その限界があるからこそ、小さな粒は二つのスリットのどちらを通ったかわからないことをいいことに、異なる可能性を重ね合わせて、常識はずれの動きをすることができるのです。

くり返しますが、我々の常識とはかけ離れた存在が量子です。人は自分の常識の中で納得できるものでないとなかなか受け入れることが難しいものですが、奇妙キテレツな宇宙のルールであっても、これはこれで面白い性質だ、と考えて前に進むことで科学の進歩があるわけです。

正直なところ、なんでそんなことが起こるのか？　と聞かれても誰も答えることはできません。それが世界の真実だったからとしか言いようがありません。ただし今のところ、波動関数を用いた説明で実験事実と矛盾したおかしな結果が出たことはありません。何度も検証を重ねて信頼された理論となっています。小さな粒の動きが波動関数で決まっていて、波が広がるようにいろいろなところに染み出し、その上二つの穴に同時に通ることが許されて、分かれて合流したら縞模様ができあがる。これは変な話に聞こえるかもしれませんが、すべて矛盾が生じない理論として信頼されています。

波の代わりに別の論法で小さな粒の動きを説明したり、その軌道を計算したりする方法もあります。しかし結果は変わりません。やはり縞模様が出てきます。この場合も波の説明と同じように二つの穴を同時に通るということを認めないと説明がつきません。

そんな様々な論法がある中で、本書では、小さな粒の動きをコンピュータによるシミュレーションで調べるために利用される概念に最も近い、〝忍者が暗躍する〟というたとえ話を用いることにします。

うさぎ跳びをする忍者？

波動関数を持ち出して複雑な数式で計算をしながら量子の世界のことを知るというのも大変ですから、忍者というたとえを用いて話を進めてみます。

小さな粒の動きを適切に説明するためには、どんな忍者を想像するとよいでしょうか。まずは狭いところを通過する波は辺りに広がっていくことができます。この性質を真似するためには忍者にはお得意の分身の術を使ってもらいましょう。波のように上下に動いてその動きを伝えるためには、体を伸ばしてジャンプしたり体を丸めて着地したりをくり返しながら前に進む様子を思い浮かべてみましょう。うさぎ跳びで特訓をする忍者のエリートたちでしょうか。

二重スリットの時のように二つの異なる経路がある場合は、分身の術で二つの経路をたどります。そして通過した後に再び合流をすることにしましょう。うまくタイミングよく同期してジャンプしていれば、分身二人分で色濃く見えます。しかしタイミング悪いと、ジャンプの様子が分身二人分でうまく重ならず、忍者の姿がはっきりしない状況となります。この忍者がはっきり見えるところと見えないところ、これが光の粒が現れる場所と現れない場所を示すというわけです。

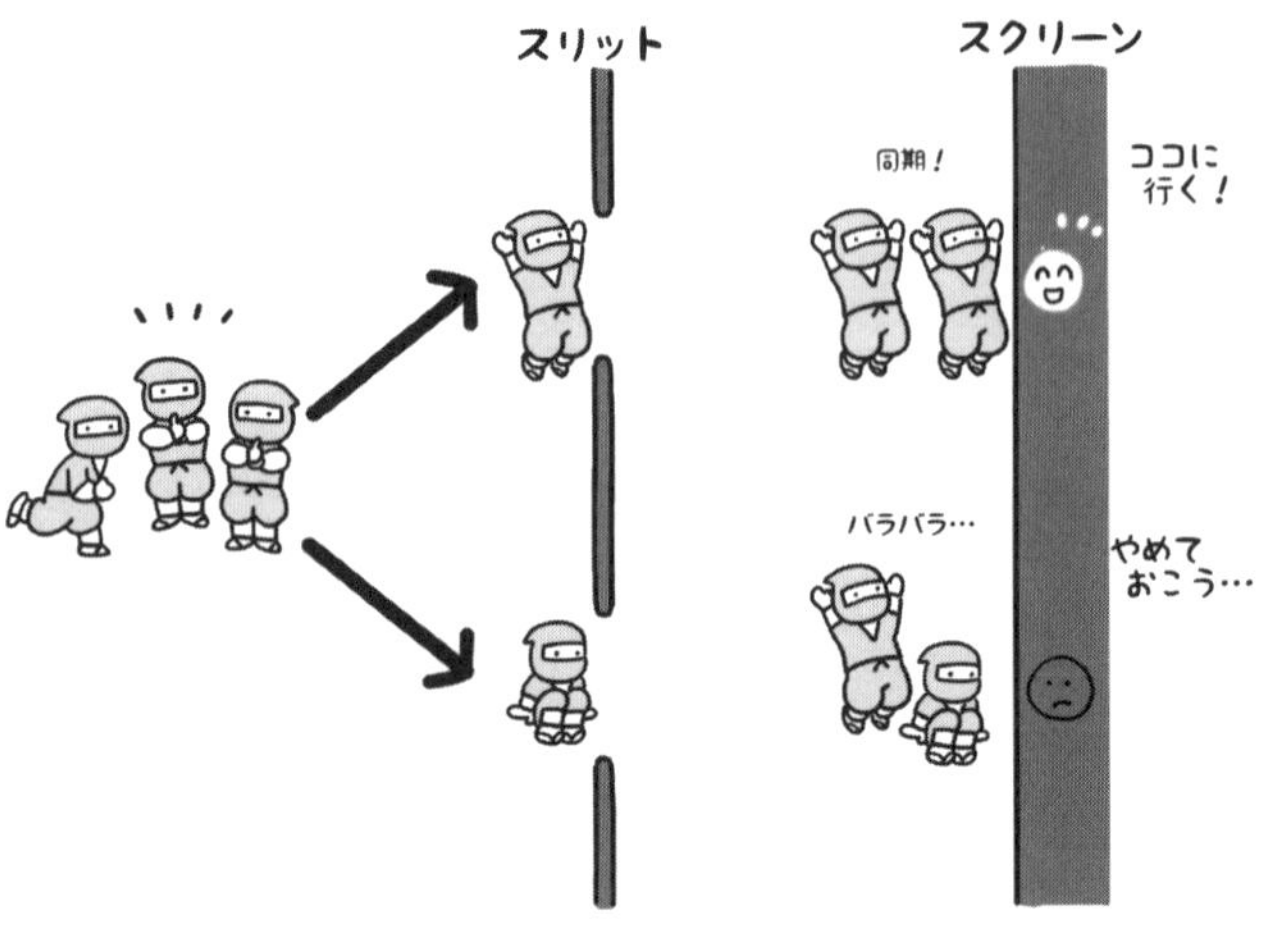

忍者といえども、罠にはまることがあります。それが小さな粒の動きを監視しようとする仕掛けというわけです。例えば二重スリットで左を通ったのか右を通ったのかを調べるためには、忍者がやってきたことを検知する仕掛けを施す必要があります。分身の術を使おうが、罠にはまってしまえば忍者もその能力を発揮できません。小さな粒はただの粒と同じようにふるまうことになります。こういう忍者を考えることにしましょう。

皆さんには見え始めていますか。うさぎ跳びする忍者。

時を刻む忍者

この小さな粒の案内役を務める忍者。実はうさぎ跳びの速さは、その忍者の出身によって決まります。光の粒であれば、光の発生源は、レーザーポインタや蛍光灯、太陽からの光など様々なものがあります。それぞれの発生源によって、光の粒の動きを案内する忍者の動き方が決まっています。逆に言えば、忍者の動き方を調べると、どこから生まれた光なのか見当がつくというわけです。これを利用して、太陽の光から、太陽ではどんな物質が燃えていて、どの物質から出た光なのかといったことを探ることができます。光は光として同じものですが、忍者の特徴やクセによって区別されるというわけです。

同じ出身であれば、まったく同じ動き方をします。多少は忍者ごとに個性がありそうなものですが、これがまったくもって同じ。この特徴を生かして、我々の日常生活を支える技術ができました。時計です。いつまでたってもズレない、そして共通した動きをする精度のよい時計で、原子時計といいます。さらにこの時計の情報を送信することで、みんなで共通した時間を生きることができるというわけです。これが電波時計と呼ばれるものなのです。

君の時計はズレている?

時計というと、「チックタック」と決められた刻み音がするイメージをお持ちかもしれません。忍者のうさぎ跳びがまさに、この「チックタック」という刻みに対応します。この「チックタック」という時計の刻み、実は持っている人によってずれるという話、聞いたことありますか？

救急車が近づいてきた時に、ピーポーピーポーという音がやってきて、通過したと思ったら、その音の聞こえ方がちょっと変わるという現場に居合わせたことがあるかと思います。ピーポーピーポーが間延びして聞こえたり、早回しで聞こえたりするアレです。これは「ドップラー効果」という現象で、音の聞こえ方に関する法則ですが、光についても同様に起こります。光の場合は、色が変わって見えます。赤く見えたり、青く見えたりと、本来の色から変化して見えるという形で現れます。

どんな時に、そういうことが起こるのか。救急車の様子を思い出すと、音の発生源である救急車が近づいたり遠ざかったりする時に起こります。そうだとすると光についても、光の発生源、ランプとか蛍光灯に近づいたり離れたりすると色が異なって見えるということになります。残念ながら僕たちの目ではわからない程度の変化ですので、驚きの結果を見ることはできません。光の発生源が僕たちの目に近づいたり離れたりする動きが非常に遅いためです。もっと速く、光の速さに近づけば近づくほど、この現象が顕著に現れてきます。宇宙に見えている星の様子を観察することで、その星がどのくらいの速さで移動しているのかなどが計算できたりします。

さらにおもしろい現象があります。

遠くの星の生活を見てみましょう。望遠鏡で覗くなり、映像を送信してもらうなりして、そこで暮らす宇宙人の様子を見てみます。救急車が遠ざかっている時に、ピーポーというサイレンの音が間延びして聞こえるように、遠ざかっていく星からは、光が届くのが遅れるために、動きがゆっくり見えます。逆に近づいてくる星からは、サイレンの音が早回しで聞こえるように光が届くのが早まるために早回しで動いているのが見えたりします。

動きがゆっくり見えるということは、そこにある時計はゆっくり動いて見えます。ずるい！　僕らの生活時間はどんどん過ぎていくのに、彼らはゆったり過ごしているのか。僕らと彼らの時計はどんどんズレていきます。これが相対性理論によって説明される時間のズレに関する有名な話です。遠く離れた星で、星が動くほどのスピードであれば、実際にはっきりとわかる差として現れてきます。これは地球上の人間と地球を周回する人工衛星との間でも実際に起きていることです。つまり、どこかの星にいる君と地球にいる僕の時計は段々とずれたものになっていくのです。

小さな粒の案内役を務める忍者は出身地によって動きの早さが決まっていて、そのおかげで基準となる正確な時計がせっかくできたのに、ずれていくということを知ってしまったら、どうしたらいいでしょう。僕は二時に来たつもりなのに、彼はまだ来ない。彼の時計は二時ではないのだろうか。いや、それはたまたま彼が遅れただけかもしれません。

その問題の解決のために人間はすごい技術を開発しました。多くの衛星を飛ばし、その衛星には出身地がわかっている小さな粒を載せます。その脇には忍者がいます。衛星は、宇宙から現在いる場所と時刻を伝える電波を地球上の時計に送ります。時計は複数の異なる場所にいる衛星から電波を受信し、その際に時計は相対性理論を考慮した計算をすることで、地球上どこでもいつでも世界共通の正確な時刻を刻む時計、さらには地球上での正確な位置までを把握するＧＰＳ技術を生み出したのです。

量子忍法壁抜けの術

小さな粒の案内役として忍者（波動関数）が暗躍する量子の世界。そんな量子の世界の、変わった話をもう少し。まさに忍者がいるかのような驚きのふるまいを続けて紹介しましょう。

人間の世界では、壁があったらものはぶつかって跳ね返ってしまいます。そしてそれ以外の動きを示すことはありません。完全に決まった動きです。僕たちが何度壁にぶつかっても痛い思いをして跳ね返るだけです。

量子の世界でも、当然ながら壁があれば跳ね返ります。しかしこちらの世界では、跳ね返るということもあれば、通り抜けるということもあり得ます。忍者が壁の向こうまで調べてきて、様子を窺ってくるということができるためです。罠にかかるまではあらゆる可能性を探索する忍者がいる量子の世界では、小さな粒がたまに壁をすり抜けることがあります。

実はこれが、ガラスの向こう側が透けて見える原理です。ガラスは人間にとってはただの壁です。買い物に行くと、品物がガラスケースの中に展示してあったり、ショーウインドーの中にあったりします。人間は外からはその品物を眺めるしかないわけです。そのまま取りに行こうものならガラスにぶつかります。人間にとっては壁ですが、光は通り抜けることができています。だから中にあるものが壁にさえぎられることなく外にいる僕たちに見えるわけです。また、自分の姿がガラスに映っているところを見ると一部の光は跳ね返っていますね。反射と透過、これも光の粒が小さな粒だからこそ起こる現象で、その背後にはあらゆる可能性を探索する忍者がいる証拠ともいえます。

こんなふうに量子のルールは、実は身近に利用されており、日常に現れる現象を引き起こしています。

そもそもなぜ壁にぶつかるのか？

人間は壁にぶつかる一方で、小さな粒が壁を通り抜けられるのはなぜでしょうか。

小さな粒にももちろん突き抜けることのできないものはあります。材質によっては、小さな粒でも通ることはできなかったりします。人間と同じように跳ね返されることがあります。その場合は、要するに〝相手〟が悪い。

でも、人間の体を作っているのも小さな粒の仲間……原子や分子です。指先の先端を形作っている小さな粒の一部が壁の向こうに行ったりすることはないのだろうか？　ちょっと期待して壁に指を当ててみたくなります。逆に壁の一部を形作る小さな粒が僕らの体に侵入してくることはないのか。

壁や人間の体など形を保っているものは、「固体」という形態をとり、原子や分子など小さな粒がたくさん積み重なってお互いに手をつなぎながら、スクラムを組むことで全体の形を保っています。壁や人間の体で硬さが違うのは、その粒の形はもちろんのこと、手のつなぎ方、つなぐ力がそれぞれ異なるためです。

人間と壁がぶつかるというのは、そういう集団同士がぶつかり合うという状況です。まさに大運動会。一つのチームが手を取り合って、もう一つのチームも手を取り合って、ぶつかり合う。でもお互いの形は崩さないようにしないとチームが崩壊するので必死です。必死に手をつなぐことによって形を保っているため、人間の体は体のまま、壁は壁のままでいて、跳ね返されてしまいます。もちろんあまりに勢いよくぶつかると、怪我をします。それは粒たちの形が少し崩れたことに相当しますので、それ以上はやめておきましょう。

それでも壁抜けの術をやってみたい。人間の体を構成する一粒一粒の小さな粒の動きのあらゆる可能性を忍者に調べてもらいながら、体が壁を通り抜けるかどうか調べてみましょう。例えば、一つの粒を跳ね返すことも通り抜けることもできるちょうどいい性質のものを壁として用意したとしましょう。新素材の壁で、人間の体を構成している原子や分子も通します。その場合に、僕らは壁抜けができるのでしょうか？

人間の体は、小さな粒の集合体でできていますが、簡単に考えるために二粒の集合体としましょう。その二粒が同時に壁を突き抜けるかどうか、ということです。小さな粒が壁に跳ね返されるか突き抜けるかがちょうど50％の確率で決まるとしましょう。当たりとハズレのくじがあり、それを一回引いて当たりが出れば、壁が抜けられるという状況です。人間の体がたった二粒でできているとした場合、壁を通り抜けるという奇跡を二回立て続けに起こせばいいということになります。それならなんとなくありえそうです。それでは人間の体が三粒くらいでできていれば？　三回当たりくじを立て続けに引き当てればいいわけです。これもなんとかなるかもしれない。じゃあ十粒。だんだん怪しくなってきます。ハズレくじが出てもおかしくありません。そうなると体の一部が通り抜けて、ハズレくじが出てしまった体の残りの部分だけ跳ね返されてしまいますから、ちょっと怖いことが起こります。もちろんそうならないように、小さな粒同士手を組んで形を保とうとしていますので、そういう中途半端な場合は、忍者も引き返した方がいいよ、と結論を導いてくれます。通れるとしたら、当たりくじを立て続けに出すしかありません。それくらいの奇跡を起こさないとダメだ、ということになります。

人間の体はどれくらいの粒の集合体でできているでしょうか。大雑把には、10億×10億×10億くらい。それだけの回数すべて当たりくじを出さないとダメだということになります。それは絶対にありえないくらい奇跡中の奇跡でしょう。厳密に言えば、もっと様々な要因も絡み合って人の体が壁を通り抜けるのはありえないことだと導き出される結論ですが、とてもシンプルにお話をするとこんな理由です。

壁に体当たりはしないでおきましょう。

シュレーディンガーの猫

「シュレーディンガーの猫」というお話をご存じでしょうか。この小さな粒のふるまいの不可思議さをえぐり取った、実に巧妙で面白い話で、今もなお語り継がれているものです。シュレーディンガーは、先ほどちょっと説明をした、忍者の正体である波動関数を用いて量子の世界を説明したオーストリアの物理学者の名前です。

光の粒が出てくる装置と、その光の粒が当たるところにやや透明な壁を置きます。半々の割合で、光の粒が通ったり跳ね返ったりする壁＝ガラスを用意しましょう。その壁の向

こうには光の粒を検知する装置があります。光の粒が通り抜けて来たら作動して、毒薬を撒き散らすというひどい装置です。つまり、光の粒を飛ばした場合、毒薬が周囲に飛び散る可能性は50％ということになります。その一連の装置と一匹の猫を一緒の箱に入れておきます。これが実験の設定です。
さてここで思い出してほしいのは、量子の世界では、仕掛けを施して今どこに小さな粒がいるかを調べないことには粒がどこで何をしているか、わからないということです。どこに小さな粒がいるのかを知らない間に、裏で忍者が暗躍していろいろな可能性を調べています。光の粒が通り抜ける場合と跳ね返る場合の複数の可能性を持ち合わせるということが可能であること

も、説明したとおりです。その事実を踏まえ、箱の中で光の粒を飛ばして実験を行ってみましょう。果たして、箱の中の猫は……

生きているでしょうか？　死んでいるでしょうか？

大前提として、猫がかわいそうだし、ひどい実験だというのはもちろんそのとおりですが、量子の世界についての研究の黎明期に大論争になった話題です。光の粒が通り抜ける場合と跳ね返る場合の複数の可能性を持ち合わせることが可能であるならば、その結果、猫が死んでいる場合と生きている可能性も同時に保持できることになり、箱をあけて中を覗かないでいる限り、そういう複数の状況にある猫＝「生きていて、かつ死んでいる」という猫を作り上げることができるのではないか？　という思考実験です。

さて実際にこの実験を行うとどうなるか。

箱をあける前に、猫は、生きているか死んでいるかのどちらか一方の状態に定まっています。

猫の苦しそうな鳴き声で、光の粒が突き抜けたということがバレてしまいます。え、つまらない話のオチだな、って？　まあそう言わないでください。

この思考実験は文字どおり思考レベルのもので、実際に猫の命の行方を見る実験ではありませんが、その小さな粒で起きる「重ね合わせの原理」と呼ばれる、複数の可能性を同時に併せ持つ現象を、我々が生きる世界の大きなモノにまで通用させることができるか？という非常に重要な問いを示したものです。一般常識で見ればきわめて不条理な話ですが、研究の最前線ではそれを現実に引き起こそうと今もなお挑戦が続いています。

もしかしたらそんな「不条理な猫」もいつかはできちゃうかも？

量子の世界を見れば掃除がはかどる

光の粒の話から量子の世界に飛び込み、忍者が暗躍する様子を想像する。普段の生活とはかけ離れていて、驚くことが多かったことでしょう。それでは日常の生活に戻って周りを見回してみます。そうすると実は身近なところにも量子の世界があることに気づくでしょう。

たとえば、今あなたの目の前にある机や椅子も小さな粒の集まりでできています。前述のように、そこでも原子や分子と呼ばれる小さな粒が手を取り合ってスクラムを組んでいます。指で机を押しても、指が机の中にめり込まないのは、そのスクラムをちょっとやそっとの力では崩せないためです。もちろんものすごい力でそのスクラム状態を崩そうと思ったら崩せます。これが破壊という現象です。また指で机をこすると、机から黒い汚れが取れることがあります。これは机の表面にゴミがたまっていて、それがこそぎとられるからです。ゴミと机はそれぞれ別のものですから仲よくもなくスクラムは組んでいませんから、指でこするとゴミが机から離れてくるというわけです。

お掃除が好きな人には申し訳ないですが、つまり、単にゴミの移動をすることが僕たちが考える「掃除をする」ということです。机を拭けば、机は綺麗になります。それは表面のゴミが取れるためです。拭いた雑巾にはゴミがついています。そのゴミがついた結果、雑巾が汚れていくわけです。雑巾を再利用したければ、雑巾を洗いましょう。そのとき水で洗い流すのも一つの手でしょう。その水も小さな粒でできた分子がたくさん集まってできた物質です。その水が雑巾の表面についたゴミを洗い流すのは、水の分子がぶつかってゴミを浮かせて、移動させるからです。そのまま水の流れに任せて、ゴミは流れていきます。雑巾の表面ならぬ、中に入り込んでしまったゴミはなかなか取れません。雑巾は何がしかの繊維でできており、その繊維は長細い分子が繋がった糸からできたものです。この長細い形状はゴミを引っ掛けるために設計されたものです。その結果、雑巾はよくゴミを取り、中に溜め込んでくれます。

こうやってみると、気づかないだけで、実は小さいスケールの世界、量子の世界が僕らの生活に密接に関わっていることに気づきます。目に見えない世界ではいろいろなことが起きているのに、僕らはあまり意識して生活をしていないような気がします。それくらい当たり前のこととして受け入れているため考える機会がなかった、気づく機会がなかっただけでしょう。

もうちょっと彼らの存在を見てみてもいい気がしてきませんか?

なぜお絵描きができるのか?

今はコンピュータがあるおかげで、こんなふうに文章を書くにもスラスラとキーボードで入力して文字を並べていくことができます。ちょっと前までは鉛筆やペンを利用するのが主流でした。

鉛筆で文字も書けますし、絵を描くこともできる。子供たちにとっては自由に想像を膨らませて表現をすることのできるツールとして、昔も今も馴染みがあるものです。この鉛筆でものを書けるのも、〝量子の仕業〟です。鉛筆も基本的には形を保っているものですから、原子や分子がスクラムを組んでいる固体です。紙も形を保っているものですから同様に固体です。ただしその二つのものは形が異なる原子と分子でできています。一見ツルツルに見えても、紙の表面にはとても細かい原子や分子の異なる形による凸凹があるわけで、その凸凹に鉛筆が当たると、鉛筆側の原子や分子が削り取られます。そうして紙の表面に残った鉛筆の原子や分子が、線として見えて文字なり絵なりを示すというわけです。

実際、書けば書くほど鉛筆は削れていき縮んでいきます。この削れるというところがポイント。もしも紙の表面が本当に何の凹凸もなくのっぺりしていたら、鉛筆を削り取ることができませんから、何も書くことができません。量子の世界の住民である原子や分子がいるおかげで、少なくとも僕らは人に文字や絵を伝えることができます。人間社会に大いに役立っていることがわかります。

原子や分子という存在がなく、机や床などが本当になめらかな場合、引っかかりがありません。原子や分子があるからこそ引っかかりが起こり、たまに削れることすらある。それが摩擦という現象です。この摩擦を使うことで、歩くことができるし、車が走って、さらに止まることもできます。歩くときには人間の足が、床の表面に触れて、引っかかって前に進めるようになります。表面が本当にツルツルで原子や分子が存在しない世界だったら、前に進むことはできず、ただひたすら足を滑らせるばかりです。靴下を履くと滑りやすいのは、靴下の表面と床の表面の引っかかり方が少ない組み合わせになるからです。車のタイヤもそうで、道路の面とうまく引っかかるから前に進む推進力を獲得するわけです。スピードを出すためにはタイヤがしっかりと道路に引っかからないとダメ。滑ってしまったら曲がることすらできません。止まるときにはタイヤとブレーキの間で摩擦を起こします。雨の日のタイヤが滑りやすいのは、本来の引っかかりのある表面ではなく、水が入り込んでしまっていますから、うまくブレーキがきかなくなるし、うまく走り出すことができなくなります。

やっぱり量子の住民たちは僕たちの世界で重要な役割を果たしています。

光は縦横に揺れている

小さな粒にも残念ながら通れないところはあります。前にも話しましたが、もちろん壁の材質によっては向こうに行けません。光の粒を遮断するサングラスなんていうのもありますね。サングラスはご存じのとおり、光をあまり通さないようにして、明るさを弱めて皆さんの目に優しく光を届けています。あれは光の粒の勢いなどを弱めているわけではありません。入ってくる光の量を減らしているのです。

光の量を減らすということですから、どこかで関所があり、いくつかの光はその関所を通してもらえない……というわけで、それがサングラスの原理です。偏光板ともいいますが、光の粒を案内する忍者がうさぎ跳びをしていることから、上下に動いている場合は頭をぶつけてしまうように加工して作られたものです。どうやって作るかというと、形を持った分子をきれいに並べて、上下にうさぎ跳びをする忍者の邪魔をするようにするわけです。角度・向きを変えれば様々なジャンプの方向に対応して邪魔をすることができます。横に跳ぶ忍者だけを選択的に素通りさせて、縦に跳ぶ忍者は遮断したりできますから、忍者にとっては関所で、こうすることによってサングラスは忍者の行く手を阻み、実体としての光の粒の量を調節しています。

最近では一般家庭に多く普及している液晶テレビにも同様の原理が利用されています。液晶テレビでは、バックライトと呼ばれる様々な光を絶えず出す部分があり、その手前に液晶と呼ばれる、向きを変えられる関所を用意して、それぞれの色の光の量を調節することで様々な絵を描き、しかも絶えず変化させて動画を描き出しているというわけです。人間の作り出した技術はすごいもので、小さな粒である、光、原子や分子を自由自在に操作することで日常生活を豊かにしているのです。

ちなみに昔あったブラウン管のテレビはとても大きかったですよね。大きくしたのには理由があります。ブラウン管の一番奥から電気の粒をたくさん打ち出して、その粒がブラウン管の手前の壁のどこにぶつかるか、どんな勢いでぶつかるか、ということを微調整してたくさんの粒を壁にぶつけます。量子の世界の話を展開するのに光の粒ばかり考えてきましたが、電気の粒も量子の世界の住民です。ブラウン管の手前の壁には、電気の粒がぶつかると光を発する蛍光物質が用意されており、そこから様々な色の光の粒を発生させるというわけです。これがなかなかすごい技術で、ある色を出すためには、その蛍光物質のところへビシッと小さい電気の粒を命中させなくてはいけません。人間の技術力、恐るべし。ブラウン管の奥行きが大きい理由は、広いブラウン管の面全体に電気の粒を行き渡らせるために、進路変更をする余裕を持たせなくてはいけなかったためです。

ちなみに磁石をブラウン管に近づけると電気の粒の進路が変化するので、ちょっと画像がゆがんで面白い、なんていたずらをしたことがある人もいるかもしれません。ブラウン管のテレビの中では、電気の粒に進路変更をさせるために磁石を使い、高速で絶えず微調整を行っています。そう思うとすごい機械だったんですね。

さらに驚きの量子の世界

小さな粒のいくつかがくっついている場合も、僕らの世界からすれば、小さいことには変わりありません。たかだか数個の粒の集まりくらいであれば、見えない世界であることも変わりがありません。そこで二つのくっついた小さな粒を用意しましょう。この小さな二つの粒を案内する忍者が、「片方が右手、もう片方は左手を挙げた」状態と「片方が左手、もう片方は右手を挙げた」状態の両方の可能性を保持していたとしましょう。突然くっついていた二つの粒が分離してしまった時、この二つの異なる可能性はどうやって引き継がれていくのでしょうか。

驚きのポイント一つ目は、この二つの粒が突然離ればなれになっても、結論はそのまま引き継がれるということです。片方の粒がどちらの手を挙げているかを調べたとしましょう。例えば右手。そうするともう片方の粒は必ず左手を挙げています。逆もしかりです。

驚きのポイント二つ目は、見られたと察知するのが同時であることです。小さな粒が今どんな状態にあるのかを調べるには、それなりの仕掛けが必要でした。そしてその仕掛けを施すと、複数の可能性を持ち合わせることはできなくなり、どちらかの可能性に制限されました。二重スリットの実験の場合、監視していると、左か右か、そのどちらかを通った光になってしまったことを思い出してください。分離した小さな粒の片方に仕掛けを施して調べてみると、右手だった。その際にもう片方の粒には仕掛けを施さなかったとすれば、挙げているのは右手でも左手でもいいはずですよね。複数の可能性を保持していいはずです。しかし、第一のポイントで述べた時と同様に、必ず左手を挙げます。完全に、もともとくっついていたこと、「ペア」だったことを反映した結果となります。

さらに驚きのポイント三つ目は、これらのことが、どんなに離れていたとしても、この引き継ぎは続く、

ということです。分離した小さな粒の片方を地球の裏側まで運んだとしてもこの引き継ぎは起こります。遠く離れても、もともと一緒だった二つの粒は通じ合っているかのようです。

量子テレポーテーション

二つの粒が離れていても、関係を持ったふるまいをするという事実は、その発見当初かなり物議を醸しました。確かにとても奇妙な現象です。先ほどの分離した二つの粒について、とてつもなく遠く離れたところで、片方の粒を見て、どちらの手が挙がっているかを調べてみても、やはりもう片方の粒の結果と関係がある。ずっとお互いが通じ合っているかのような印象を受けます。

ここで、またまたアインシュタインが出てきます。彼は前出の相対性理論で、「光の速さを超えてメッセージを伝えることはできない」という主張をしていました。

片方が右手だったら、もう片方が「それを知った」かのように左手を出す。一瞬でメッセージが伝わったのだ！――当時はそう解釈されて誤解を生み、混乱を招いたようです。

でも待ってください。この両者の動きの詳細については、お互い知りません。片方の動きがどうだったかはそれを目の当たりにした人だけが知っている事実であり、もう片方の粒に張り付いている人たちには知りえない情報です。

片方が右手だったという事実を知った人たちは、何がしかのルートでその事実をもう片方の粒を持っている人に伝えに行かなくてはいけません。もう片方サイドにいる人はまだ誰もその事実を知らないのですから。そのための別ルートを経由した伝達には時間がかかるので、アインシュタインの説とは矛盾することがありません。

この一連の誤解されがちな様子を「量子テレポーテーション」といいます。残念ながら何もワープしていないし、瞬間移動もしていませんが、名前がかっこいいですよね。ただこのふるまいを利用して、遠くの場所に、右手なり左手を挙げた小さな粒を「それぞれ指定して」送ることはできます。つまり、こっちの粒では右手を挙げていたよ、というのをもう片方の粒を持つ人に後で伝えれば、その人は「そうか、今ここにある小さな粒は左手を挙げているのか」ということを知ることができます。実際に挙げている手を見なくてももう片方からの情報で小さな粒の様子を知ることができ、左手を挙げている小さな粒が欲しい人からすれば大変重要な情報となり、大きな利用価値があります。何せ小さな粒の状況は、見てみないことにはわからないことばかりですから。

量子の世界の日常

天気もいいし、気分もいいので外に出かけよう。

人間は陽気に誘われ、活発になります。こんなときに原子や分子など小さなスケールの世界では何が起きているでしょう。温度という言葉には非常に馴染みがあり、普段の生活に浸透している言葉です。温かさを伝える数値ですが、実はこれは小さな粒たち、原子や分子がどれくらい活発な動きをしているかを示した数値です。温度が高いというのは、原子や分子の運動が激しいということを表しており、一方温度が低いときには、原子や分子の運動が活発ではないということを示します。例えば、水。いわゆる$H^{2}O$という分子の集まりですが、温度が低いと氷になり、温度が高いと水、さらには水蒸気に姿を変えます。中身は同じ$H^{2}O$分子ですが、温度によってその様子が変わります。氷は水と違って、流れない、動かないという特徴があります。粒たちが活動的ではない引きこもりの状態です。$H^{2}O$分子が手をつないでスクラムを組んでいて、押しても動かないために、このように固い氷を形成しているというわけです。

温度を上げるためには、熱を入れてやる必要があります。火にかけたり、他の熱いものをそばに置いたりします。その時に双方の物質でエネルギーのやりとりをします。エネルギーはものの動きの勢いを生み出します。そのエネルギーは、熱いものからもらっているので、だんだんもともと熱かったもののエネルギーが下がって活動度は次第に低くなり、温度が下がっていきます。冷めるというやつですね。一方、エネルギーをもらったH_2O分子は、がぜんやる気を出して、活動的になって温度が上がり、だんだん動けるH_2O分子が多くなることで、水のように動きのある状態となり流れ出します。外からの励ましがあって、ようやく引きこもり脱出といったところです。

水は流れるといっても、まだ結合の影響が残っているため、完全に自由に動いているわけではありません。さらに熱を入れてもっと自由に動けるようにしてやると、水蒸気となり、ついには目に見えなくなります。目に見えないほどの粒として、外に自由に飛び出したというわけです。水の状態だと僕たちの目に見えるのは、まだある程度多くの粒がくっついた塊で、あたりから飛んでくる光の粒を跳ね返して、ここにいるよ、とアピールするからです。水蒸気になると、H_2O分子はもっと自由に動いていますので、ものすごい速さで、しかも非常に小さいがために光の粒を跳ね返すこともせず、どこにいるか我々にはわからなくなります。

自由を獲得した水蒸気は、空高く舞い上がり、上空に飛び散っていきます。運が悪いものは、天井や窓ガラスにぶつかり、エネルギーを失ってしまうものもいます。天井や窓ガラスの原子や分子にエネルギーをあげてしまうわけです。そうして同じようにぶつかった他のH_2O分子に捕まり、また結合して水の状態に戻ったりするものもいます。これが天井や窓ガラスについた水滴の正体です。

運よく外に飛び出して上空に舞い上がれば、いよいよ本格的な自由です。しかし地球の重力＝ありとあらゆるものを引っ張る力があるために、最初にもらったエネルギーで到達できる高さも限られます。高いところに行けば行くほど、水蒸気となったH_2O分子が少なくなります。低いところに多くの水蒸気がたまります。他の気体（酸素、窒素、二酸化炭素など、ひっくるめて空気）も発生する場所や要因は異なれど、基本は同じで低空にたまります。こうして僕らの地球には空気がたまり、生物が生きていけるというわけです。

部屋の中では、暖かい空気は上に、冷たい空気は下にたまる傾向にありますが、これも今の話を聞くとうなずけるのではないでしょうか。上には勢いのあるものたちが、下には元気のないものたちがたまるというわけです。エアコンタイプの暖房をつけても一向に暖かく感じない時、立ち上がると上の方は暖かいという経験がありますよね。それです。空気を循環させて、効率よく部屋を暖めてあげましょう。下でサボっている空気を上空に舞い上がらせるためです。

南極の氷より冷たい世界

今度は逆に温度を下げてみましょう。小さな粒たちの活動度をどんどん下げていくというわけです。まず、温度を下げるというのは非常に難しいことです。エネルギーを失わせるためには、基本的にはどこかに捨ててやらないといけない。温度が高いものから低いものへ熱という形でエネルギーが移動していきますから、温度が低いものを用意してやらないといけません。何かを冷やすためには、もっと冷たいものをあらかじめ用意しなきゃいけないというのですから本末転倒ですね。

ここで小さい粒たちに起きていることについて注目してみましょう。温度が低いというのは小さな粒たちの活動度が低いわけですから、基本的には動きを抑えてやればいいはずです。そう考えると、小さな粒がまったく動かなくなった時が、冷やすことのできる限界ということになります。つまり、温度の限界が存在するのです。温度を下げる限界は、マイナス273度くらいで、これを「絶対零度」と呼びます。僕たちが普段利用している温度の単位はセルシウス温度というもので、氷ができ始める温度を0度、水蒸気ができ始める温度を100度として日常生活に都合よく決めたものです。一方、小さな粒の動きと関係させた数字で表現した温度を「絶対温度」といいます。小さな粒がまったく動かなくなるときの温度、それを絶対零度と呼び、セルシウス温度でいうとマイナス273度というわけです。世界最低気温の記録は南極でマイナス93・2度というのがありますが、もっともっと寒くて冷たい状況です。

その絶対零度を目指して、冷却技術というものもかなり発展しています。到達温度が最も低いものがレーザー冷却によるものです。ここで再び出てきましたレーザー、光の粒ですね。この光の粒を左から右からターゲットとなる小さな粒に当てることで挟み撃ちにするわけです。こうすることで小さな粒の動きを制限、動きを止めます。これを小さな粒の集団に対して行い、その中でもエネルギーの大きいものを外に追い出してエネルギーの低いものだけにし、温度の低い集団を作り出す蒸発冷却という技術も併用することで「ほぼ絶対零度」というところまで達成できます。

残念ながらこの方法では確かに想像を絶する極低温を達成することが可能なのですが、

多くの小さな粒を一斉に冷やすということには向かないため、科学者たちはもっと効率のよい冷やし方を日々模索しながら、改良を重ねているところです。さらに大胆なアイデア募集中！

時は止まらない

そうやって技術が進んでいき、人類は本当の絶対零度を達成できるのでしょうか？……実はできないことがわかっています。これもまた量子の世界の性質によるものです。一つの小さな粒の運命を決めるために、その背後で忍者がありとあらゆる可能性を探っていることは前にお話ししたとおりです。その忍者が暗躍しているがために、小さな粒は完全に止まることがありません。絶対零度にするためには完全に粒を止める必要がありま す。その抜け道を探すように忍者は絶えず動き回って、ありとあらゆる可能性を模索しています。小さな粒は「どこに行ったらいいの？」と忍者の背後から様子を窺っているので、小さな粒の動きを抑えてみても、絶えず揺れ動いていることが確認されます。これを零点振動と呼びます。これが「ものの動きの最小単位」、動きの細かさの限界です。小さな粒はこの限界のために絶えず動き続けており、常に変化をし続けているということがわかります。したがって、絶対零度は達成できないということになります。

絶対零度ではあらゆるものが動かないと想像されていました。そうなればどんな物質も完全にそのままの状態を保って、保存することができそうです。完璧な冷凍マグロ、永久不変に鮮度も落ちない。しかし、絶対零度は実現できない＝鮮度が変わらない完璧な冷凍マグロ作りは不可能であるということになります。残念。

それは時の流れとも関係します。時間というものは、ものの変化があるからこそ認識されることで、変化がないと認識できません。ものがまったく動かないと、時間は流れていないように感じられます。冷やすことは時間を止めることとも言えるわけです。それはできません。

宇宙誕生以来決められているこの限界は、時の流れなど、当然と考えていたことのルールに関係していることがわかります。それだけにこの量子の世界は非常に魅力的であるとも言え、多くの研究者たちを虜にし続けているわけですね。そして日々新しいことの発見、さらに新しい技術の発展が繰り返し起きています。

普段僕らはそんな限界を感じずに生きています。目の前にあるものを動かして、置いておく。それがよく見れば実は細かく揺れ動いているなんて言われても信じられません。でも、もしかしたらそうなのかもしれないと実際に感じることができる方法があります。熱いフライパンに指を当てれば、火傷しますね。……そう、その火傷。どうして火傷するのでしょうか。同じフライパンでも温度が高いと火傷をします。温度が低いときはなんでもなかったはずなのに。それは、フライパンを形作っている小さな粒が激しく振動をしていて、あなたの指を攻撃しているからなのです。冷たいフライパンの中にいる小さな粒たちにはエネルギーがなくおとなしいために、あなたの指は攻撃されません。

冷たい・温かいなどの感じが指でさわってわかるのも同じ理屈です。指の皮膚の表面にあるセンサーに相当する部分が、小さな粒の振動を感知して、冷たい・温かいの区別をしているわけです。

僕らは小さな粒をまったく知らないわけではないのです。ただちょっと気づかなかっただけなのです。

第2章

量子で考える、宇宙と生命の謎

見えるということ

空の星をたまに眺めると多くの星が輝き、子供の頃、みんな遠くにある星だということを聞かされたことを思い出します。どんな星なんだろう、どれくらい遠くにあるんだろう、宇宙人はいるのだろうか……などといろいろ想像してみたことがあるでしょう。

そもそも星が見える、ものが見えるということはどういうことなのでしょうか。人間の目には光を感知する機能があり、光が目に届くことによって、何かが見えたという感覚を持つわけです。前の章でも少しふれましたが、その光は太陽だったり蛍光灯だったり何がしかの発生源から飛び出して、何かものに当たって跳ね返り、または突き抜けて、動き回ってから人間の目に届きます。人間の目は光がやってきた時に、どんな色だったかを調べることができます。すごい機能ですね。この「色」というのは、光がどんな勢いでぶつかったのか、光が持つエネルギーによって決まっています。そのエネルギーは忍者の動く速さで決まっています。ものすごい速さの忍者だった場合は紫色。ちょっと遅い忍者だと赤色に見えます。ちょうど虹の色ですね。遅い順に、赤、橙《だいだい》、黄、緑、青、藍、紫という色に対応します。ものに当たったり突き抜けたりした影響で忍者のふるまいが変化し、色が変わった光を人間は見ているということになります。その忍者のふるまいを変化させた原因は、そこにある「もの」ですから、「もの」の色として認識をするわけです。

例えば、月が見えるというのは、太陽からの光が月に当たり、跳ね返って地球にいる人間の目に当たるというわけですから、なんだかロマンを感じますよね。遠く太陽から発生した光がはるか彼方の月に到着し、その月の様子を刻みつけられた光が僕ら人間の目に飛び込んで、その月の様子を教えてくれているわけです。ここでさらに面白いのは、その月の様子は、昔の月の様子だということです。月が光を跳ね返したのは、人間の目に届くはるか前ですから、昔の月の様子を知った光、もとい忍者が人間の目にやってくるのです。つまり、僕たちが今見ている月は「現在の月」ではなく「過去の月」の姿なのです。忍者は過去の宇宙の様子を伝えてくれているのです。

月以外にも他のきらめく星たち、恒星と呼ばれる太陽の仲間から光が絶えず出てきています。その光が人間の目に届くことで、姿を見せています。明るい星はよく光を発しているのでしょう。暗い星は遠いために、発した光の多くが人間の目には届かず、あまりよく見えないというわけです。遠ければ遠いほど長い時間をかけて到着するので、今のその星の様子ではなく、昔の様子を伝えることになります。そうなると光の案内をする忍者は昔の様子をそのまま保存して届けてくれる、いわばタイムカプセルです。昔のことがわかる記録装置とも言えますね。そのため今見える星の中には、実はもう存在していない星もあります。そう考えると何か切ない気持ちにもなります。

目に見えない光というものもあり、エネルギーがものすごく強いものは紫外線、レントゲン写真を撮るのに使われるX線や、逆にエネルギーが弱いものには赤外線やラジオの電波などがあります。人間の目に見えないだけで、その光は確かに僕らの周りを飛び交っています。そしてX線など人間の体を突き抜けていくものもあります。勢いがよすぎるのです。X線は感度のよいフィルムを利用して、人間の体の中身を見ることに利用されています。まさに忍者が体内に侵入して調べている、というわけです。

ニュートリノを見る

光の粒を中心にここまで話を展開してきましたが、他にも量子の世界の住民はいます。その中でも皆さんが聞いたことがありそうなものを紹介してみましょう。

ニュートリノ。冒頭でも出てきましたが、ニュートリノに関係する業績でノーベル（物理学）賞が多く日本人にも与えられてきました。このニュートリノは、残念ながら人間の目には見えない小さな粒です。光の粒は小さくても、人間の目はそれに反応するように作られているから見えます。見えないものは、人間の目がそれに反応しないためです。それでも、ニュートリノというものが実は自分の周りを飛び交っていると知ったら見てみたい！　と願う人も多いかもしれません。

そこで人間の目に見えるように、ニュートリノを捕獲してみましょう。ニュートリノを見つけるために、用意するのは大量の水です。ニュートリノは基本的には好き勝手に飛び回っているのですが、他の種類の小さな粒がたくさんいるところで飛び回っていれば、ぶつかって交通事故を起こすことがまれにあります。普段は小さすぎて見えないニュートリノの粒も、その〝交通事故〟を発見することで見つけることができます。そのために、大量の水を用意してニュートリノと水の分子の交通事故を期待します。

大量の水の中には、小さな粒の塊でできた水の分子がたくさんいて、その水の分子には微量ながら電気の粒が含まれています。そこにニュートリノがたまに衝突すると電気の粒が交通事故の影響でものすごい勢いで吹き飛ばされ、周囲に光の衝撃波が発生します。光は、別名「電磁波」とも呼ばれて、もともと電気の粒が振動することで発生するものです。電気の粒が交通事故でものすごい勢いで吹き飛ばされているため、光の衝撃波が水の中を伝わっていきます。ニュートリノ自体は見えなくても、ニュートリノが飛んできたという証拠が光の衝撃波に置き換えられるわけです。その光の衝撃波を見ようにもあまりに微弱で人間の目にまだ見えないので、それを捉えられるように、微弱な光を増幅する装置を用意して、はっきりとどこから来たのかわかるようにしようとするのです。ニュートリノ以外のものが来ないように地中深くに埋めたり、光の衝撃波を捉えやすくするように透明な水を利用したりと様々な工夫を凝らして、見えないものをなんとかして見ようという挑戦です。

最近話題の重力波検出というものも、見えないものを見ようとする人間の努力の一つです。ものすごく重い物体が動くと、その動きの影響が宇宙空間を伝わって届きます。これもまたアインシュタインが予想した現象ですが、あまりにも微弱で感じることも見ることもできませんでした。この重力波は、乱暴な言い方をすれば、地震が起きたかのように空間が歪《ゆが》むため、まっすぐ進む光の進路を捻じ曲げたりします。そうすると先ほど登場した二重スリットの実験を利用して、二つの異なる経路を通った光を用意します。重力波を検知すると、空間の歪みを感じて光の経路に変化が生じますから、忍者のうさぎ跳びのタイミングが異なり、縞模様の位置に微妙な変化が生じます。そうやってできあがる光の縞模様の変化の様子から、目に見えない重力波を人間の目で見えるようにするというわけです。

見えないものが「見える」。とてもワクワクする話です。

ただワクワクのためにそんなことをしているのか？　何の役に立つのか？　という声もあるかもしれませんが、実はとても大切な研究なのです。

意外に光というのは、ぶつかりやすく曲がりやすいため、遠くに届かないものです。その点、ニュートリノや重力波はぶつかりにくく他のものに邪魔されにくいため、光よりも遠くに伝わりやすいという性質があります。光よりも遠くからはるばるやってきたのがニュートリノであり、重力波であるというわけです。

先ほど遠くから来たものは過去の様子を見せてくれていると紹介しました。世界で初めて観測されたニュートリノは、重くなりすぎた星が潰れて壊れる時に生じる、超新星爆発によって生み出されたものでした。つまり星の最期を看取《みと》ったということになります。前述のように、見えた時には、その星はもう既になくなっています。光だけではなく、さらに遠くからやってくるニュートリノや重力波などを利用することで、こうして遠くにあるものの昔の様子を調べることが可能になるのです。まだ謎が多い宇宙の秘密の解明につながる大発見のために下準備をしている、重要な科学の進歩といえます。

ブラックホールは見えない

　小さな粒の中には、はるか遠くの宇宙の様子を調べて地球に飛んでくるものがいる、なんて話を聞くと、やはり心が躍るのは誰しも同じではないでしょうか。宇宙には興味をひかれることがたくさんあります。

　一番謎めく存在は、ブラックホールではないでしょうか。ブラックホールは、自分の重さに耐え切れず潰れてしまった星の成れの果てです。その星は、強烈な重力、ものを引き込む力で自分自身を潰してしまったのです。重力というのは、重ければ重いほど強くものを引き付ける力のことです。僕らが地球の上に立っているのも重力のおかげ。引き寄せてもらっているから宇宙に飛び出さずに済んでいます。重力の弱い星の上では、引き寄せる力が弱いので、ちょっと強くジャンプしただけで宇宙空間に飛び出してしまいます。空気を引き寄せて地球の周りにとどまらせてくれているのも重力のおかげです。地球上で人間を含め多くの生物が生きていられるのは重力のおかげと言ってもいいでしょう。

　地球はまだちょうどいいサイズでしたが、いろんなものを引き寄せて必要以上に大きく成長してしまった星は、重力の強さをますます増加させ、さらに多くのものを引き寄せて、ついには自分自身を押し潰すに至ります。それが、星の最期です。そのときに押し潰されたものがゴム球のように弾け飛んで、あらゆるものを吹き飛ばす。これが「超新星爆発」で、ニュートリノなど様々なものになって砕け散り、小さな粒をたくさん放出するというわけです。なんだか悲しいお話ではありますが、この超新星爆発こそが宇宙に新しい粒を供給している源です。宇宙にはたくさんの物質がありますが、その元となる小さな粒もこの超新星爆発の過程で作られたものです。星の中で押し潰されて、ぎゅうぎゅうに押し込められた小さな粒同士が合体して新しい種類のものに変化を繰り返したためと考えられています。

星によっては、この超新星爆発でも弾け飛ばずに核が残ることがあります。その核はたくさんの粒が集まった集合体で非常に重く、しかしながら弾き飛ばすほどの力は失っています。そうすると自分の重力によってさらに押し潰されていき、重力を成長させて何でも吸い込んでしまう「ブラックホール」という状態に変わっていきます。あまりにも強烈な重力のため、光の粒が飛び出すことも許さない。光の粒さえブラックホールに飲み込まれてしまうため、ブラックホールは誰にも見えません。

ブラックホールの中に眠る過去の宇宙

何でも吸い込むほどに重力が発達した星の亡骸《なきがら》、それがブラックホールです。このブラックホールの話と、先ほどの〝遠くから来た光は遠くのものの過去を伝える〟という二つの話を統合すると、一つの興味深い事実に気づきます。

ブラックホールが何でも吸い込むという様子を、砂場にアリジゴクが現れて、アリを捕獲するために掘られた穴に例えてみましょう。アリは必死に掻《か》き登ることで逃げ出そうとします。それでも砂が崩れ落ちてアリジゴクに捕らえられてしまうことがある。この状況はブラックホールが光を捕らえて飲み込んでしまう状況です。一方でアリジゴクの穴が浅いところであればアリは逃げ出せることもあるでしょう。アリがずっともがいて逆らい、落ちないギリギリの場所もあることでしょう。

ブラックホールでも同様で、光を飲み込むために強烈な重力を持つ中心付近と、周囲の

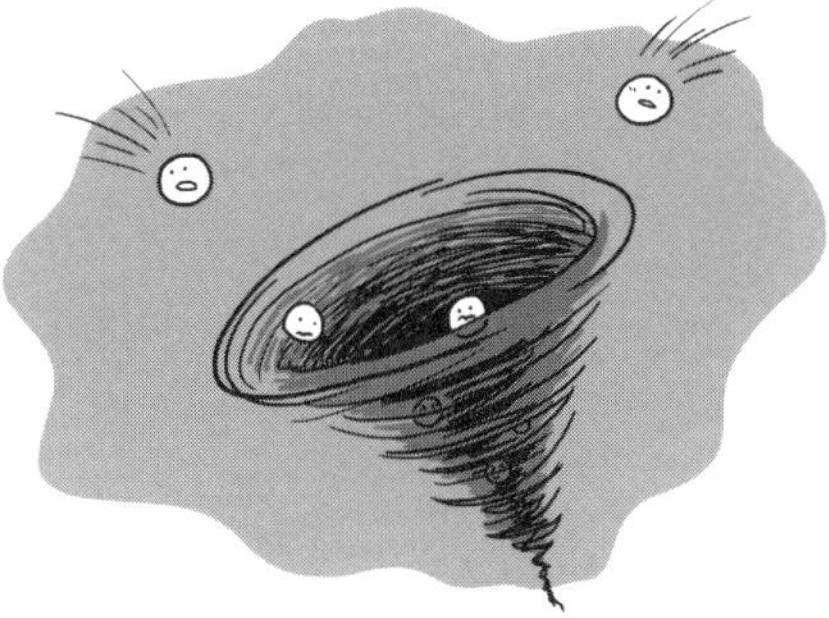

やや重力の影響が弱いところがあります。その境目のちょうどよいところでは、光が吸い込まれずにあがいているという状況です。その光はいつ出た光でしょうか？ブラックホールがそこにある時にはすでに発生した光が、ブラックホールの周囲のちょうどよいところ、重力の吸い込む勢いと光の抜け出そうとするスピードが釣り合っているところでは止まっていることになります。

このちょうどよいところを「事象の地平線」といいます。そこではブラックホールに吸い込まれたものから発生した光が留まっていると考えられているため、そこの光を回収することができれば、どんなものが過去にその周辺にあったのか、ブラックホールが何を飲み込んでいったのかが解読できるかも？　なんていうSFストーリーが展開される舞台でもあります。

ブラックホールに飲み込まれちゃったら

目の前にいきなりブラックホールが現れたらどうなるでしょうか。

もちろん、そんなのんきなことを考えずにすぐ逃げた方がいいのですが、光すらも飲み込むブラックホールの性質を知るために考えてみましょう。

さっきまで見ていた星がブラックホールに飲み込まれたとしましょう。遠くからその様子を見ていると、突然、その星の光が途絶えたように見えます。それはその星が出していた光が届かなくなるからです。

別の星に近づいてみると、その星が自転をしているのが見えます。普段の様子と比較して何か変化があるのか注意深く見てみると、自転速度がゆっくりゆっくり遅くなっていきます。そして最後には真っ黒。ああ、飲み込まれたんだな、ということがわかります。最後に真っ暗になるのは先ほどと同じ。光すらも飲み込んでしまうブラックホールですから、光が届かなくなったということです。それでは消える前に自転速度が遅くなったように見えたのはなぜか?

光が繰り返し届いていた矢先、光すらも飲み込もうとするブラックホールが背後にできるわけです。光にすれば、必死にもがいて逃げるという状況ですから、光の進みが遅くなります。ブラックホール発生時点で、ある程度の距離まで離れた光はあまり影響を受けずに抜け出してきますから素早く届く。ブラックホールに近いものは到着が遅れます。ダイヤが乱れた電車と同じで、遅延が発生します。そのため最初は同じ間隔で到着していた光の粒も、だんだん遅れて届くので、自転の様子が遅れているように見えるというわけです。

もしかしたらまだ届いていない光の粒もいるかもしれない。もっと近づいてみるとまだ到着していなかった光の粒をキャッチすることができます。そして最後に光の粒が止まっているところに到着します。そこには飲み込まれた直後の星の様子が記録されています。光の粒が残っているという形で保存されていて、それこそがその星の宇宙での最後の姿といえます。この様子を見ることができたら、ブラックホールの周辺に何があったのか、という昔の様子を知ることができるわけです。

ブラックホールのもう少し奥まで、引き返すことができないかもしれない恐怖を乗り越えて侵入したとしましょう。抜け出せなかった光がそこに残っていますから、ブラックホール発生からその直後の状況までも記録が残っているだろうと考えられています。ブラックホールは宇宙の記録装置といってもいいかもしれません。

宇宙はどうやって生まれたか

宇宙の誕生について、残念ながら正確なことはまだわかりませんが、おそらくいきなりポンと登場したんじゃないか、と想像されています。宇宙の誕生後すぐにビッグバンという現象が起こって、急激に膨張したということはわかっています。その火種ともいえる小さい宇宙がどうやってできたかは未解明です。ただ何もないところから突然生じるという現象は、様々な物理の法則があるものの、量子の世界で起こる量子忍法壁抜けの術くらいしか思いつきません。突然〝壁〟を抜けてひょっこり宇宙の種が誕生したというシナリオです。でも、それならその壁の手前はどうなっているのでしょう。その壁って何でしょう。まったくわかりません。別の宇宙があり、そこからひょっこり出てきたのでしょうか。

宇宙の誕生は無から始まったとよく言われます。何も変わらない何も動かない「無」の状態であったというのは、あまりにも「定まった状態」になっていると思いませんか？

量子の世界では、完全に止まって定まった状態にはならないということは前章でお話ししました。その事実とやや矛盾するような気がしますよね。量子の世界が宇宙の誕生に関わるとすると、宇宙の誕生以前にあると考えられている無の状態とは、ずっと変わらない無の状態ではなく、絶えず揺れ動き続けて忍者があらゆる可能性を模索している様子のほうが近いと思います。一見何もなさそうな無の宇宙で、誰にも見られないところで忍者があらゆる可能性を調べ必死にもがいていたのかもしれません。そうしてやっと見つけた可能性が、僕らの宇宙が誕生することだったというシナリオです。何もないところから突然何かが現れるという現象は、量子忍法壁抜けの術をはじめ、量子の世界であればありえることです。神様の気まぐれならぬ、量子の気まぐれ。その気まぐれも今や宇宙規模の大きなスケールにまで拡大して取り返しのつかない凄まじい変化に及んでしまいました。忍者もきっと驚いていることでしょう。

いずれにせよ、宇宙の始まりには小さな粒の量子の世界が関係していそうだな、ということで最前線の研究は進んでいます。小さな粒と忍者がどんなやり取りをして宇宙を生み出したのか。それがわかる日もそう遠くないかもしれません。

そもそも宇宙に始まりがあったのか

アメリカの天文学者エドウィン・ハッブル博士という人が遠くの星や銀河を観察していると、それらがどうも遠ざかっているように見えることを発見しました。どうやって？と思う人もいるでしょうから、簡単に説明しましょう。

まず星の距離の測り方ですが、近くの星であれば三角測量が適当です。地球上で距離の測れる異なる場所から、星が見える角度を調べて、三角形を作る。その三角形の形から離れた星の距離を測ります。遠く離れた星は、星の色と明るさから距離を調べます。星の光は、その星の物質から反射されて出る場合と、自分から光を発している場合があります。例えば地球は前者。太陽は後者です。自ら光を発している場合は、星が持つ物質によって決まった色の光を放出しています。前にもお話ししましたが、色を決める忍者のふるまいは出身で決まるためです。その星の色から中身がどんな星かがわかり、それならこれくらいの明るさを持っているはずだな、と計算していきます。その明るさと実際にどれくらいの明るさで見えるかを比較して、暗くなっているということは、それだけ遠くにあるからだということで距離を計算します。

　こうして遠くにある星や銀河からやってくる光を観測することで、ハッブルはとんでもないことを発見しました。どうも遠くにある星が遠ざかっている。しかも、遠くに行けば行くほど、速く遠ざかっている。そのことから、宇宙が膨張しているということがわかります。

　ということは、風船が膨らんでいるようなものですから、その膨らみ始め、宇宙の始まりは一点から始まり、広がっていったことになります。これが宇宙の始まりの手がかりとなる、ビッグバンへつながる推察です。

　逆に宇宙の外側、端っこはどうなっているか。遠いと広がる速さが増すということですから、一番遠いところは一番速いところであるとして調べてみます。ちょうどアインシュタインの光の速さを超えることはできないという特殊相対性理論を利用すると、光の速さに達するところは１３７億光年先（１３７億年もの間、光の速さで進んだところ）にあることがわかります。ここにはどうがんばっても僕たちが行くことはできません。なにせ最高速度のエンジンを積んだロケットでも光の速さまでしか出せません。目標となる宇宙の端っこも光の速さで逃げているので、いたちごっこです。

「宇宙の始まりは光あれ!」は正しい

宇宙の始まりは正確にわかっているわけではないですが、推測はいろいろされています。現在の地球上で実際に観測されている現象ですが、光の粒がものすごい勢いで飛び交っていると、突然光の粒がぱかっと割れて、電気の粒と、その真逆の性質を持った相方が出現します。電気の粒とその相方が再び出会うと、光の粒に戻ってしまいます。つまり光の粒から別の小さな粒ができては消えて、光の粒に戻るということが繰り返されるというわけです。光の粒や電気の粒以外の小さな粒たちについてもどうやってできたのかを調べることで、宇宙の始まりに迫ることができるかもしれません。

小さな粒同士をものすごい勢いでぶつけ、くっついて新しい粒に変わるか、砕けて別の粒になるかということをいろいろ試す実験が日夜行われています。そういった研究の積み重ねにより、宇宙の始まり直後に登場した小さな粒のバリエーションに関してはおおよそ見当がついてきました。今の宇宙で発見されているように、多くの種類の粒が存在するためには、ものすごい勢いで粒同士がぶつかり合うことで新しい粒に変わるということが繰り返される必要があり、それぞれ粒にそれだけの勢いをもたらすエネルギーも必要だということがわかってきました。その結果、宇宙の始まりには、小さな粒を作るための材料と大量のエネルギーが必要であることもわかりました。宇宙誕生初期は、これらの材料から小さな粒が次々に生み出されて、あまりに狭い領域で粒がたくさんぎゅうぎゅう詰め状態だったというわけです。この中には光の粒もいます。そしてついには我慢できずに弾け飛びました。これがビッグバンです。広大な宇宙への変化を引き起こした大爆発。そこから急速に宇宙の膨張が始まり、小さな粒たちが宇宙空間に散らばり、互いに疎遠になっていきます。しかしまたそこから砂漠のオアシスに集まる旅人のように、小さな粒が寄り集まり大きく成長して星を作り銀河を作り、だんだん大きな構造を作っていきます。仲間を集めすぎて重くなりすぎた星は、超新星爆発を起こすことで新しい粒を作り、さらにバリエーションを増やしていき、初期宇宙にはなかった物質や生命を生み出す材料ができあがっていったと考えられています。

この宇宙の初期を知るためには、宇宙の遠くからやってくる光やニュートリノなど小さな粒が様々な手がかりを握っています。初期の宇宙の手がかりとして興味深いものが「宇宙背景輻射《ふくしゃ》」です。どうも宇宙のどの方向からも光が降り注いでいる。しかもそれはマイナス270度ほどの低い温度の物体から発生する光に似ているという観測事実です。この発見にもなかなかユニークな逸話があります。

今から50年ほど前、アメリカで2人の物理学者が高感度のアンテナに関する実験をする際に、不可解な電波ノイズがあることに気づきました。予想もしていなかったそのノイズの正体をさぐるため、ありとあらゆる邪魔になる原因を取り除こうと、アンテナに落ちてくる鳩の糞なども気になり取り除いてみたが、どんなに綺麗にしても、その不可解な電波ノイズが宇宙の全方向から受信され続けます。これは一体何だろうということで突き止めた成果でした。

温度が低いということは、勢いがなくなった光が降り注いでいるということになりますが、宇宙が膨張してしまったことにより、当初動いていた長さよりも間延びをした距離を動かざるをえないため、光はその勢いを失ったと考えられます。マラソンを10㎞しなさいと言われて準備したランナーに対して、100㎞走らせるというわけですから、勢いも元気もそりゃ失いますよね。宇宙の膨張の様子と比較して考えると、宇宙の始まりではこの光の粒たちは3000度以上の高温にあったと推定されており、小さな宇宙が生まれた初期は、激しく動く光の粒で満たされていたと考えられています。

さらにその宇宙から降り注いでくる光をもっと正確に調べてみると、微妙に場所によって異なることから、昔そのあたりでどんなことがあったのか、ということをさらに詳しく調べる手がかりとなり、盛んに研究が進められています。

宇宙は一つだけ？

僕らの宇宙以外にも、同じように生み出された宇宙があってもおかしくはありません。この宇宙の始まり方があまりにも奇跡的で偶発的だったから、まったく同じ時代に異なる宇宙があるかと言われたら、それはわかりません。

ここで、さらにぶっ飛んだ話を紹介しましょう。

僕らの宇宙は、始まりこそ一つの宇宙だったが、実は宇宙は絶えず分岐し続けて、増え続けていると考える人もいます。しかもその理屈自体におかしな点がないのがまた面白いところです。

一つの小さな粒の運命を決めるのは暗躍する忍者でした。その忍者は、小さな粒の動きを調べるためにあらゆる可能性を調べあげます。このような考え方は、やっぱりアインシュタインは気にくわなかったようです。「神はサイコロを振らない」という有名なセリフを残しているように、彼は、最後の最後にあらゆる可能性のうちのどれが実現するのかを完全に理解できないことが非常にもどかしかったのかもしれません。しかし何度実験してみても、小さな粒の動きはいつもバラバラ。しかしその動きは忍者が調べあげたものから選ばれていることは確かです。

そこで出てくるのが、ぶっ飛んでいる話。もう一つの別の考え方です。忍者が調べあげたあらゆる可能性というのは、異なる宇宙を指しているという考え方です。小さな粒が動くたびに様々な宇宙に分裂して、忍者が示す様々な可能性の、実はすべてが実現している。僕らはそうした無限に存在する可能性の一つを示した宇宙にいるという考えです。こうやって考えても、これまでに出てきた量子の世界の話とまったく矛盾しません。忍者が調べあげたありとあらゆる可能性というものに意味があるから、なおさらすっきりしてしまうのが、この説の面白いところであり魅力です。

もちろんこれはこれでなんだか気持ちが悪いという人もいるかもしれません。僕たちが生きているこの宇宙と並行して存在する別の宇宙がたくさんあるのか？　……ちょっと怖い気がします。それで信じられないとする人もいます。

この説が正しいかどうか調べる方法は一つ。その異なる宇宙に行ってみればいいのです。残念ながらこれまでに、別の宇宙に行けたという人の話は聞いたことがありませんが、ＳＦの世界ではよく取りあげられるテーマです。この本でも、あとでまた少しふれますね。

ブラックホールは宇宙のリサイクル工場

光すらも飲み込んでしまい、その飲み込んだものの過去の情報を保存し続けるブラックホール。ある星が最期を迎えると、またそこにブラックホールができます。その繰り返しで、このブラックホールが常に残り続けるとすると、宇宙はブラックホールだらけになってしまいそうです。

ブラックホールは重たくなった巨大な星が押し潰されてぎゅうぎゅう詰めにされた状態にあります。星が砕け散ったものが集まっているのですから、宇宙の廃材集積所と言っていいでしょう。その廃材を再利用することはできないのでしょうか？　宇宙の始まりのことを思い出すと、小さな粒を作る材料が用意されて、その材料から宇宙の中に存在する様々な小さな粒ができあがりました。この場合はブラックホールの中にある廃材。その廃材から新しい粒ができあがるという発想は無理がなさそうですよね。

有名な天文物理学者スティーヴン・ホーキング博士が、ブラックホールの中では、廃材の中から新しい粒のペアが絶えずできているだろうという、ちょうど宇宙の始まりと同様のアイデアを突き詰め、ブラックホールの最期を予言しました。その粒のペアが再び出会うと光の粒に姿を変えます。こうして廃材から光の粒ができあがります。ブラックホールの中でその現象が起きたとしても、その光は残念ながら外に飛び出すことはできず、ブラックホールの中身として刻み込まれます。

しかしブラックホールの端っこあたり、ちょうど光が抜け出せなくなるところあたりで、ペアの片割れが外に、もう片方はブラックホールに飲み込まれた場合はどうでしょうか。ペアを作り出した分だけ廃材を使ってしまったので、どんどんブラックホールから廃材が失われていき、ブラックホールが小さくなってしまうのではないでしょうか。最終的にブラックホールが消滅するだろうということが予想されています。その際、ブラックホールの外側には新しくできた粒が飛び出します。外に飛び出した粒が自由に動き回るので、これは温度が非常に高くなった水蒸気のようなものだというわけです。高温であれば光を出してブラックホールの周りは明るいもやがかかっているように見えるのではないか？　という説を展開しました。この説を「ブラックホールの蒸発」と言います。何かこうやってブラックホールについての研究の進展を聞くに、ブラックホールそのものが何か大きなものを構築しており、その中では光の粒や粒のペアが行き交う一つの世界を作り上げているようにも思えます。また外から見てみると、ブラックホールという集合体にもやが見えるわけですから、湯気の出た味噌汁のようにも見えます。味噌汁の湯気には味噌汁の香りがあるように、ブラックホールのもやを調べると、ブラックホールの中身がどんなふうになっているのかがわかるのではないか？　ということで、研究の最前線ではその可能性の追求が続けられています。

人間はなぜこんなに大きいのか

ここまで様々なスケールのお話をしてきました。目に見えない小さな粒から広大な宇宙まで。どれもとても興味をそそるテーマかもしれませんが、僕たち自身のことも非常に興味深いものです。そう、人間の世界。

小さな粒と比べ、やや大きな存在。宇宙に比べたらちっぽけな我々人間。それも小さな粒が集まってできている。どうして小さな粒程度の大きさのままで人間を作ることができなかったのでしょうか。もし小さな粒だったら、壁を通り抜けることもできたのに。

まず一番の問題は、もし僕たちの体が粒と同じくらいのサイズだったら、他の粒の動きに邪魔されて、手を動かしても制御がきかず、何か物を取ることもままなりません。そう考えると、やはり小さい粒のいくつかだけで人間や生物の体を作るのは難しそうです。

他にも不便なことがあります。温度が高い時には自分の体を構成している小さな粒の動きが活発になると言いましたが、仮に体が数個くらいの小さな粒ができているとすれば、気温によっては激しく体が揺れてどうしようもなくなります。水の中で生きている魚も、空を飛ぶ鳥も数個の小さな粒でできているようなことになれば、水分子や空気を構成している原子や分子に攻撃されて撃墜されます。小さな体が何か安定的に形態を保ち、制御された動きをするには、ある程度サイズを大きくしなければいけなかったのです。

小さな粒と大きな生物の間で

人間の体は、根本的には小さい粒からできていますが、ある程度の大きさを持つまとまりである「細胞」がその基本単位として存在しています。その細胞の中には、体の設計図ともいえるＤＮＡがあり、その設計図を持った細胞核があります。細胞分裂ではこの設計図を共有して分かれることによって、間違いが起こらないように慎重に体が作られていくというわけです。

この設計図であるＤＮＡは小さな粒がたくさん連なった鎖の形をしています。その鎖の形で、どんな体ができあがるのかが決まります。ここで小さな粒からなる鎖を設計図に利用していることが気になります。先ほど紹介したように、量子の世界では、粒たちは温度によってブルブルと振動しており、また、他の小さな粒の動きにより影響を受けています。そんな環境で細胞分裂しながらＤＮＡのコピーを作っているだなんて信じられますか？過酷な状況下の割には生物の親子はちゃんとうまく形質をコピーしています。何か秩序を生み出す特別なメカニズムがあるように思われます。

シュレーディンガーは晩年、生命とは何かということを深く考察しており、熱心にこの点を追求していました。その当時はまだＤＮＡの二重らせん構造などの詳細がわかっていなかった時代ですが、彼は手持ちの理論と重厚な思考を重ねて、生命の謎について迫っていたのです。

生き物は生きている限り、安定した存在です。その姿を変えることなく活動しています。しかし次第に老化が始まり、最後には死を迎えてその亡骸は崩れていき、土に還っていきます。最後は姿形を保てないということになります。生きているか、死んでいるか、その違いで、安定した存在から不安定な存在へと急激に変化しているというわけです。中身は同じ小さな粒の集合体なのに。

ＤＮＡの大きさの話に戻すと、小さな粒が連なってできたＤＮＡは、そのサイズから素朴に考えれば、正確にコピーができないように思われます。しかし生物の中ではしっかりと間違いもせずにコピーを行っています。現在までにわかっているのは、たとえ間違えたとしてもすぐに修復をするメカニズムが働いている、ということ。

この修復が追いつかないことで、老化現象やがんなどが発生することもわかっています。つまり、修復をする範囲や処理能力にはある程度の限界があるということですから、あまりにも大きな集合体をケアすることは難しいはずです。そのため、ＤＮＡは小さくなければならなかったと考えられます。

小さな粒単体は繊細で周りの影響を受けやすいかもしれませんが、少しのまとまりを持ち、どこで間違いが起きたのかをケアすることができる程度の集合体であるということが絶妙なわけですね。その少しのまとまりが積み重なってひとつの生命体を築き上げているのですから、小さなグループが集まって大きな会社を運営をしているようなものです。小さな粒がこうした非常に巧みな連携プレーをすることで、生物は生きているのです。生命の謎を解く鍵が小さな粒のふるまいにあるとすると、この本の主役たちのことを知ることがいかに大切かわかっていただけるのではないでしょうか。

生物は小さい機械で生きている

細胞が生きるためには酸素が必要です。酸素は血液によって体中をめぐり、細胞と結びつく。これが定番の説明ですが、その過程で何が行われているのでしょうか。

第一に、酸素は燃焼に使われます。木を燃やすときには、酸素は木の内部にある炭素と結びつくことで二酸化炭素を発生させ、光と熱を出しながらその姿を変えていきます。熱が出るということは、小さな粒が活発になるように、原動力となるエネルギーを供給しているということです。同様に細胞の中でも、酸素が供給されることによりエネルギーを発生させるという理由で、体は酸素を必要とします。ただこの場合、酸素は体の中の炭素とすぐに結びつくわけではなく、エネルギーを発生させるために電気の粒を送っているということが知られています。非常に高速で電気の粒を細胞内に行きわたらせ、エネルギーを発生させるための歯車を回していることがこれまでの研究で明らかになってきました。

電気の粒が非常に高速で移動しているのだから、活発な動きを示しています。そうなると、温度が高くなければ効率よくエネルギーを発生させることができません。つまり、生物は、温度に対して厳しい条件のもとでしか生活することができなくなってしまいます。

この非常に高速な電気の粒の移動はどういう起源で起こっているのか。最新の研究成果によると、小さな粒が得意とする量子忍法壁抜けの術を利用しているということがわかりました。非常に活発な動きをする必要はなく、壁をすり抜けて高速に電気の粒を輸送することでエネルギーの発生を効率よくするというわけです。この仕組みがあるおかげで、生物は比較的低温の環境でも生きていけるようになったわけです。

このような発見があればあるほど、小さな粒があるから僕たちが生活できているということに気づかされるでしょう。そして、小さな粒たちが巧みに特殊な性質を利用しながら、広範囲な環境で生活できる能力を生物に与えているということがわかります。

光合成には忍者が必要

さきほどは生き物の中でも動物に注目しましたが、植物にも注目してみましょう。

動物との大きな違いは光合成の有無です。植物は青々とした葉に葉緑体を持ち、その葉緑体に太陽の光が降り注ぐと、二酸化炭素から我々の呼吸に必要な酸素を作り出してくれる――それが光合成です。この光合成にも電気の粒が大活躍しています。

光の粒は、飛んできて葉緑体の中にあるクロロフィルという分子の中にある電気の粒を弾き飛ばします。もともとあったところから電気の粒が弾け飛んだため、電気の粒と、その電気の粒が欠乏した空席があるという状況です。放っておけば弾け飛んだ電気の粒が元に戻ってしまいます。その短い間に光合成のプロセスを行う場所に電気の粒を届けなければならないのですが、光はいろいろなところに当たりますから、どこに電気の粒が発生するか、事前にはわかりません。しかし光合成のプロセスを行う場所は決まっており、そこに到達できなければ電気の粒は無駄になってしまいます。

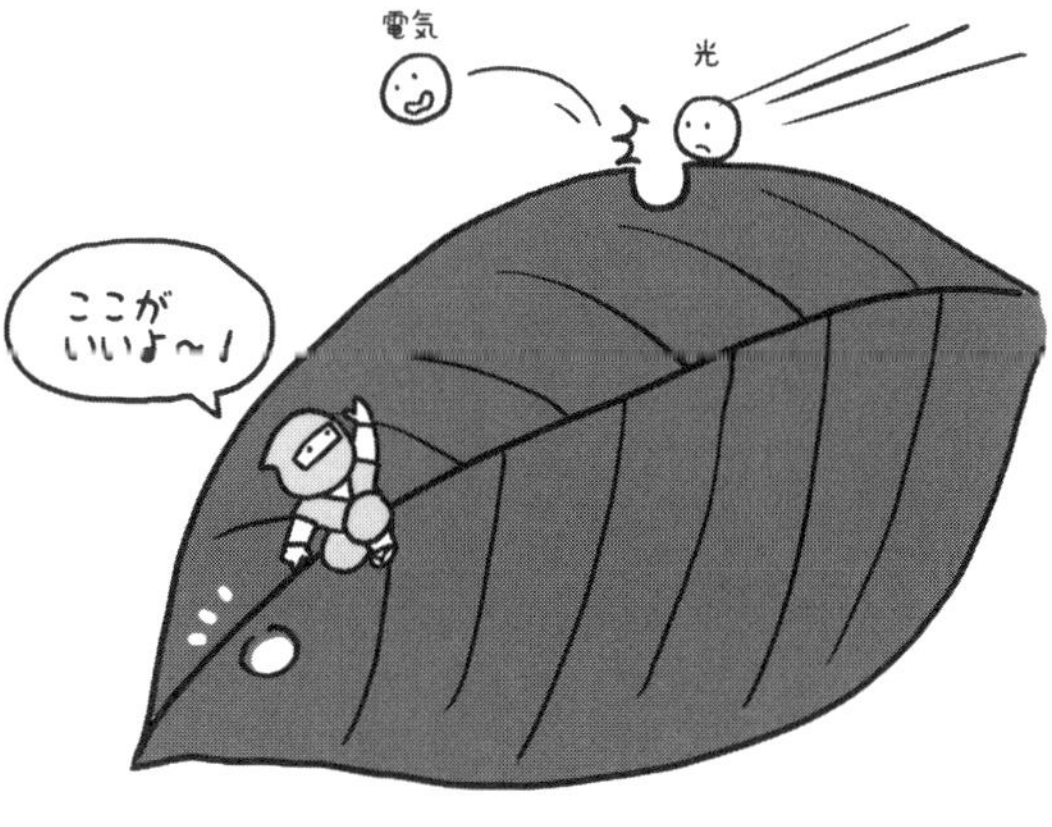

時間の無駄なく効率よく光合成のプロセスに向かう必要があります。どうしたらいいでしょうか？

そこで忍者の力を借りましょう。あらゆる可能性を裏で探索する忍者の能力を利用します。あちらに行くほうがいいのか、こちらに行くほうがいいのか、いろいろな経路を探索して、こちらに行けば光合成をうまく行えるぞ、ということを瞬時に調べるのです。この能力を借りて、効率よく光合成のプロセスを実行しているのだ、という大胆な仮説が最近打ち出されました。この理論も当初は馬鹿げていると批判されたのですが、検証を重ねていくにつれ、どうも本当らしいということがわかってきました。

植物の光合成の裏にも忍者、おそるべし。

自分のコピーは作れるか？

生物はすべて老いていき、最後に死を迎える。そういう運命にあるものの、科学の力を借りてそのルールから解き放たれることはできないものか？

不老不死はＳＦの世界を含め、物語のテーマとして頻繁に取りあげられてきました。生物の成長の仕方や仕組みを理解することで、老いを止める、若返る、といった目的での研究は実際に盛んに進められています。

自分のコピーを作れば、オリジナルな自分の命がついえても「自分」としての存在は果てしなく続けていけるのではないか。

はたして、小さな粒でできている人間の体、それをすべて完璧にコピーをすることはできるのでしょうか。現在の技術では難しくても、未来の技術でそれは可能になるのではないのだろうか。少なくとも自分の心や意識を司っている脳だけでも……。

それではそこに話を集中してみましょう。脳のコピーができるかできないかは、一つの問題に集約されます。人は小さな粒の性質の中でいちばん特徴的な部分を本当に利用しているかどうか、です。

皆さんがここまで読んで、小さな粒の世界でいちばん変わっているな、と思ったポイントはどこでしょう。おそらく二重スリットの実験で、壁一面に縞模様を描いてしまうというものでしょう。二つの穴の右を通ったものと左を通ったもの、その両方の組み合わせから生じる縞模様。その一見〝不条理な〟性質を理解することは少なくとも最初は困難だったことでしょう。仮にこの性質を利用して、脳が人の意識や判断、その他の動作を行っているとしたら、そのような小さな粒を完璧に脳をコピーすることはできません。実は、複数の可能性を持ち合わせた状況にある小さな粒は絶対にコピーできないということがわかっているのです。人間の脳の中で意識や判断を下す機能が小さな粒の特殊な性質によって働いているわけではないとすれば、コピーは可能です。

でも、どうでしょう。いろいろな判断を下す時には、あれもこれも、と忍者があらゆる状況を調べているのかもしれません。脳が記憶の中から何かを拾い上げ思い出す際に、光合成のように忍者が検索をしているかもしれません。突然ひらめくアイデアも、壁をすり抜ける小さな粒の動きに近いものがあります。また、人間はいくつかの経験した事柄を並べて、それらを組み合わせたものからまったく新しいアイデアを創出することもできます。こうした脳の驚くべき力に、小さな粒の働きは利用されていないのでしょうか。

人間の意識はどうやって生まれるのか、判断はどう下しているのだろうか？　もしかしたら小さな粒の性質を利用しているかもしれないと考えても不自然ではないでしょう。今のところ確かなことはわかっていませんが、近い将来次々と明らかになっていくことはまちがいありません。楽しみです。

第3章

藤子・F・不二雄と量子の世界

ドラえもんと量子の世界

藤子・F・不二雄先生の大人気漫画といえば、言わずと知れた「ドラえもん」です。僕が子供だった頃、科学的好奇心を大いに刺激してくれた漫画です。タイムマシンに乗ってやってきたドラえもんは、「ひみつ道具」という、現代に存在しないような不思議な効果をもたらす道具を使って、冴えない少年のび太くんを様々な危機から救うという話です。

さて、このひみつ道具。どんなものがあったか覚えていますか？

空を自由に飛べる「タケコプター」、自由にどこにでも行ける「どこでもドア」。どれも欲しいものばかりでした。'70年代に描かれたものの中には、40年ほどたった現代、すでにそれと近いテクノロジーが開発されているものもあり、藤子・F・不二雄先生の「先見の明」には驚かされます。

その中に、小さな粒が引き起こす、常識とはかけ離れた性質を利用したものはあるのでしょうか。これまでと少し気分を変えて、藤子・F・不二雄先生のイマジネーションの世界を見てみることにしましょう。

もしかしたら量子の世界では、そのひみつ道具、作れるかもしれません。

通りぬけフープ

どんな壁・物体も貫通する穴を作り出す道具として知られている、「通りぬけフープ」。まさに、こんなこといいな、できたらいいな、の世界です。どうにかして実現できないものでしょうか。

量子の世界では、小さな粒が壁を通過することができたことを思い出してみましょう。忍者が探ってみると、壁のあちら側に行くのもアリ、跳ね返るのもアリという結論が出ることがあります。通りぬけフープをかざしたところでは忍者が探りやすくなるような工夫がされていればよさそうですね。少なくとも、小さな粒を一個通り抜けさせるのは、なんとかできそうです。それでは、小さな粒の集団はどうでしょう?

実は、まるで通りぬけフープ！　という技術がすでに実現しています。それがリニアモーターカーなどで利用されている「超伝導」です。

まずは超伝導について、ちょっと紹介しましょう。超伝導とは、電気抵抗ゼロ、つまり、何の抵抗もなく電気を容易に流すことができるという現象です。ある特定の金属や混ぜ物をした金属を低温に冷やしていくと、この現象を実現することができます。通常の金属の中では電気の粒同士以外にも邪魔ものがたくさんいるために、電気の粒はなかなかスムーズに動くことができません。超伝導では、その邪魔ものをすべて無視して通り抜けてしまうというわけです。まさに通りぬけフープのようです。

超伝導で起きていることはだいぶ複雑なことなのですが、シンプルにまとめると次のような感じです。

まずそもそも電気の粒たちは、普段は仲が悪く個人プレーに走っています。そこに仲介役の粒が登場して、電気の粒のペアを作ります。この仲介役がいるかどうかで超伝導になるかどうかが決まります。この際に温度を低くし、動きを制限して粒たちに集合をかけます。仲が悪い時には、「御免被る」という状況ですが、今は仲介役のおかげで雰囲気がよくなっているので、全員で集団行動をとることができるようになります。いわば綺麗に揃って行進をしている状況です。避難訓練をする際などに、「慌てないで落ち着いて行動をしてください」と言いますね。まさにその状況です。慌てて個人プレーで動くと電気の粒の動きを阻害するものをかわそうとして、他の電気の粒の動きまで阻害してしまいます。しかし今はみんな落ち着いて行進をし、統率がとれた動きをしていますからスムーズです。

ちょっと邪魔されたくらいでは揺るがない動きをすることで、超伝導は実現します。このように統率のとれた動きをしているので、壁を突き抜けるかどうかも一粒単位で考える必要はなく、一つの集団が通過するかどうかだけの問題です。くじ引きで何度も当たりを引く必要はなく、一度だけ当たりをとればいいので、全員で一気に通り抜けられる可能性がぐっと高まります。超伝導現象を利用すれば、通りぬけフープが実現できるというわけです。

この超伝導の研究はどんどん進められていて、金属をあまり冷やさないでもできないか？という挑戦が盛んに進められています。夢の乗り物であるリニアモーターカーの運用にも関わる重要な技術ですから、科学者たちの努力が実る日が待ち遠しいですね。

ガリバートンネル

これは、両端にある出口の大きさが極端に違っている不思議な形状のトンネルのことです。大きい口と、小さい口、くぐると口の大きさに応じて、自分たちの体のサイズも変わるというもの。大きい方から小さい方の口をくぐって非常に小さいスケールの世界に飛び込むには格好の道具です。しかし、これは実現するのはちょっと難しそうです。

物質には「質量保存の法則」というものがあります。質量というのは、どれだけ重力の影響を受けるかという度合いを示したもので、質量が大きければ大きいほど重力が強くかかりますから、重くなるというわけです。物質は化学反応の前後で総質量が変わることはない、というのが「質量保存の法則」です。

そのためガリバートンネルを通過すると、仮に体が小さくなれたとしても、質量がそのまま保存されますので、ものすごいぎゅうぎゅう詰めに押し込められて、体の中の粒同士が非常に近い距離にあります。非常に近い距離に押し込められると最終的にはゴム玉のように弾け飛びますから、その人の体は弾け飛んで無残な姿になってしまいます。または重力の影響が強くなり潰れてしまうかもしれません。ちょうど前の章でお話しした星の最期と同じで、自分を支えきれず押し潰されてしまうというわけです。その結果ブラックホールができてしまうこともありました。危ない危ない。

同じ理屈で「スモールライト」、これも利用には十分注意してください。

もしもボックス

「もしも何々だったら……」と唱えるだけで、その願い事が叶う道具。もしも何々だったら、と考えるということは、その時点では現実には願っていることとは違うこと、あるいは反対のことが成立してしまっているということになりますね。その現実を後悔、反省して、異なる状況を作り出したいというわけです。

二通りのもしもボックスを考えることができます。まず二重スリットの実験を思い出すと、二つの穴のどちらを通るかという選択が迫られました。左の穴と右の穴、どちらを通るか。例えば左を通ってしまった時、右を通ったらどうなるのか？　一つの光の粒しかない場合に、やり直したい。ということでもしもボックスを使うようなパターンが一つ。

この場合、珍しく現実の方が突拍子もないかもしれません。なにせ第1章でお話ししたように、量子の世界では複数の可能性を持ち合わせることができるのですから。もしも、ではなく、両方選択していいということ。この状況はもしもボックスが描く世界よりも、もっと〝常識〟から逸脱しているように感じられます。僕らの想像を超えた世界が量子の世界で、この考え方が普通になり新しい常識になったら、そしてそこから想像されるSFはもっと面白いものになるかもしれません。

さて、もう一つのパターン。量子の世界では複数の可能性を持ち合わせるために、結果として起こるできごとはバラバラです。スクリーンに縞模様を浮かび上がらせた時も、結局スクリーンのどこが光るかはそのときそのときで異なります。

僕らは複数の可能性の中の一つだけが実現した世界にいる。そのほかの可能性もあったはず。もしもボックスは、その〝別の可能性〟が実現した世界に行けるというものです。そうです、別の宇宙がある、別の世界があるという考え方をしてもいいという話を前章でしました。もしもボックスは、その別の世界へ飛び込むツールではないかと想像することができます。ただ仮にこれができるようになったとしても、大変な作業が必要であることがわかります。無数に分裂した別の世界の中で、どれを選べば自分の望む未来へ誘導することができるか、それを探すのも一苦労です。そして何より、未来はそう簡単に変わらないものだと個人的には思います。小さな粒の動きを変えても、僕たちの世界は大きなものに支配されています。大きなものの中に含まれる小さな粒の動きをちょっと変えても、他の小さな粒が同じ運命をたどろうとすれば、大勢にはかなわず、変わらない運命をたどることでしょう。たとえばガラスが割れた場合に、ガラスが割れなかった未来をもしもボックスで選ぶには、破片から粉々になった小さな粒たちすべてについて『もしも」を叶えなければなりません。想像を超える大変な労力が必要ですね。もしかしたら、未来を変えるというのは本当に難しいことで、〝変わらない未来〟は自然の摂理で守られているのかもしれません。

一方で、僕らの体のごくごく一部分が変わっただけなのに、その変化が全体に及ぶような影響の場合はどうでしょう。一部の細胞に異常があり、その異常が細胞分裂の過程で広がってしまったらどうでしょうか。最初の異常は極めて小さい一部分だとしても、その後全体に及ぼす影響は無視できません。この最初の小さい変化であれば、もしもボックスで治すことができるでしょう。

現代ではそういう異常を起こさないようにしようと、先んじて手を打つ試みが医療技術の進展で実現しつつあります。考えられる可能性＝「もしも」をすべて想定し、あらゆる対策を先に講ずる、というわけです。

医療分野では、もしもボックス実現間近というところでしょうか。

タンマウォッチ

あらゆるものの時の流れを止めてくれるという道具です。どんな目的で使うかはさておき、面白い道具の一つです。小さな粒が存在する量子の世界では、ある一点に止まるということはありえない。いくばくかの可能性を残して揺れ動くように、ある程度の範囲までしか動きを制限できないという限界があることを紹介しました。そのため、時を止めて、すべてのものが止まるということは理論上難しそうです。

でも、せっかくですから、タンマウォッチを使った人だけが動いて、他のものがすべて止まっているという状況を考えてみましょう。

動かなくなってしまったら氷のように固体になるわけですから、世界一面氷の建物ができたようなものです。さながら「アナと雪の女王」の一場面です。すべてが冷たい世界です。何せ小さな粒の活動まで止めてしまったわけですから。

さて、止まっているものに触れてみましょう。

自分はいつものまま、温度36度くらいの人体ですから、その体を形作っている小さな粒は、体を保つ程度に手をつないでいますが、よく見ると激しく動いています。その一部、指先でも触れたら、止まっている冷たいものの表面に攻撃開始です。せっかく止まっている小さな粒に人体を構成する小さな粒が激しくぶつかります。その結果、あなたの指（を形作る粒たち）からエネルギーが奪われることになります。36度のものとマイナス273度のものの接触ですから、まったく動かない壁に小さな粒が激しくぶつかることで急激に自分の体の小さな粒の活動度が下がるでしょう。そうなるとあなたも無事ではいられなくなります。現実的なことを言えば、わざわざ指で何かを触る前に、その場所に立った時点で地面もマイナス273度ですから、タンマウォッチを使った瞬間に自分も凍りついてしまうことになります。

タンマウォッチを使って動きを止めた後に、その時間が止まる効果を解除したらどうなるのでしょうか。時間を止めると地球の公転も自転も止まります。自転は時速1700㎞ほどですから、それくらいの速さで動いていたバスや新幹線が急停止すると考えてみてください。もしもその時間を止めた後に、タンマウォッチを解除して活動を開始したら何もかもが自転方向に放り出されます。また僕ら地球上の生き物はずっと重力で引き寄せられて、地球の回転による遠心力、自分の足の踏ん張りで、うまく釣り合って地球上に立つことができています。しかし遠心力という、回転しているからこそ生じているものが失われてしまうので、自転方向に放り出されることを免れたら、少し体重が重くなったように感じます。そのことは月についても同じで、月の場合はふんばる足もありませんから、地球めがけてそのまま落ちてくるので気をつけないといけません。

こうして考えてみても、時の始まりというのは巨大なミステリーです。前章でも触れましたが、宇宙の始まりとともに時の経過が始まったとすると、何もないところから、さあ宇宙を作りなさい、というのはなかなか考えにくい。

宇宙の始まりは、勢いや活力に満ちた豊富な〝エネルギーの海〟から始まったと考えるのが素直な気がします。まだ物質も何もないところからですから、動きとして現れる勢いではなく、新しいものが誕生するためのエネルギー、きっかけが満ち溢れていたのでは、と考えられます。このエネルギーを利用して、まず光の粒など小さな粒を作り宇宙を構成する物質の材料を用意するというわけです。

量子の世界では、ありとあらゆるものが常に揺れ動き、留まるということがない、常にものが動いているというのと同様に、どうやら物質を作るためのエネルギーにもそれと似たような現象がありそうだという研究が進められています。長い時間で見ると、物質を作るエネルギーがいきなり登場するなんてことはなさそうですが、ごくごく短い時間の間であれば、瞬間的に物質を作るエネルギーが突然生じることがあってもおかしくないということが知られています。突然瞬間的にできたエネルギーを利用して偶然にも小さな粒を作る材料が揃えられたとしたら、ということです。

そう考えれば、この宇宙の誕生は、とてつもない運と偶然によるものだったのです。ただその裏には常に新しい可能性を求める忍者がいたから、その偶然が現実に起きたのでしょう。

創世セット

これは「のび太の創世日記」という大長編ドラえもんシリーズで映画化されたお話に出てくるひみつ道具の一つです。

お手軽に宇宙の始まりから〝創世〟をシミュレーションすることができるというすごい道具。のび太くんはこの道具で、夏休みの宿題として宇宙の誕生から成り立ちまでを追う壮大な実験をするという話です。宇宙の成り立ちについていろいろ知ることができて、子供にとってはとても興味をそそられる内容です。

その話の中での宇宙の作り方を覗いてみると、宇宙空間はすでにできており、「宇宙の素」と称して、レプトン、クォーク、ゲージ粒子など、小さな粒を複数種類たくさん振りまいて、かき混ぜるというところから始まります。この本では混乱を招かないように避けている専門用語をさらりと使うあたり、藤子・Ｆ・不二雄先生の見事な手腕が窺えます。

先ほどもお話ししましたが、宇宙の誕生そのものはよくわからないものの、あるタイミングで小さな粒がたくさん用意されたと考えられます。それらの粒が混ざると、強烈な光と衝撃を伴うビッグバンが突然発生します。まさに宇宙の初期に起こったとされるできごとを漫画の中でも表現していて、のび太くんが創造した宇宙を無造作にかき混ぜ始めると、大爆発が起きて吹き飛ばされます。宇宙の誕生直後はビッグバンに伴って急激に宇宙空間が引き延ばされることにより、粒同士がくっつき合ってしまうことなく、遠く離れていくのに都合がよかったと考えられています。その作用を表現したのが「かき混ぜる」という描写に相当するのでしょう。このお話の中では粒たちを定期的にかき混ぜることを要求されますが、のび太くんは案の定かき混ぜる作業をサボってしまい、初めて創り上げた宇宙は失敗に終わります。

この壮大な技術はまだ存在しませんが、それでも研究の際には小さな粒をいくつか用意して、実際にはどんな結末を迎えるのか、コンピュータを利用したシミュレーションを何度もくり返しています。小さな小さな宇宙を作り出しての研究です。小さな粒の動きを完壁にシミュレーションするのは非常に難しいことですが、研究者たちは今もその研究を続けています。

パラレル同窓会

藤子・F・不二雄先生は「ドラえもん」以外にも様々な有名作品を残していますが、彼の科学的洞察力や表現力が一番発揮されているのは短編集ではないかと個人的には思います。その中でまずは「パラレル同窓会」というお話を紹介しましょう。

主人公は、とある会社社長。彼には誰にも明かさない趣味があります。仕事を終えた後に、舌の焼けるようなコーヒーを飲みながら、一人で小説を書く、というもの。そんなある日、周囲から何か変な音が聞こえてきます。その音が気になるな、と思ったらやがて衝撃が走り、見たこともない空間に飛び込んでしまいます。

なんと、そこには自分と瓜二つの人間が何人もいます。事情を聞いてみると、実はこの世界にはいくつものパラレルワールド（並行する世界）が存在していて、彼らがいるその空間はそれらが合流した交差点のような場所だというのです。それぞれの自分は異なる今を生きていて、この場所で同窓会と称して定期的に一堂に会し、現況を報告しあうのだといいます。

主人公は自分が成功者であるという自負もあり、気がねなく別の自分たちと会話するのですが、その中でひとりの気にかかる〝自分〟に出会います。小説家になったという自分でした。主人公は小説を書くことを趣味にしていることからもわかるとおり、小説家になりたいという夢をずっと持っていました。このパラレル同窓会では、もし違う生き方を試してみたいと思えば、交渉次第で互いの生き方を交換することもできるというのです。主人公と小説家の自分とで交渉の末、互いの人生を入れ替わるという話です。

まだ他の宇宙、他の並行する世界が存在することは確認されていないということは前にお話ししたとおりです。そのように並行して存在する宇宙を仮定しても、実は量子の性質とは何も矛盾することなく自然な解釈になり得ることもお話ししたとおりです。この話のように、本当は異なる未来を描く自分がいて、微妙な違い、大きな違いを持つ自分が無数にいるかもしれません。その並行して存在する宇宙を仮定する場合には、互いの宇宙は影響せず交じわることもまったくなく、独立して存在している、とする必要があります。そうしないと、今のところ、並行して存在する宇宙の解釈は成立しないことがわかっています。互いに影響することのできない別の宇宙。知れば知るほど気になります。

さてこの話のオチは、小説家だと言っていた別の〝自分〟の人生はとてもみじめで、小説家としてはまったく成功しておらず、収入もほとんどなく、街をさまよい歩きながら食料を求めるという結末です。後悔しているという描写はないものの、果たしてそれでよかったのだろうか、というところで終わります。この手のSFものにはパラレルワールドの記述はよくあります。しかしこの話の本当に面白いところは、自分の中で同窓会を開いているところにあります。これまでの自分とは違う世界に行きたいなら、自分の中で交渉をしたのち飛び移るということですから、いわば自分の意識だけが飛び移る形です。量子の世界では、忍者があらゆる可能性を探った後で、最終的にはその可能性の中のどれかが実現します。どの状態も可能性がある中で、突然これにしましょう、といった具合に選択されるのです。仮に人間の意識が複数の可能性を併せ持つ量子の性質を利用していたら？もしかしたら別の宇宙の自分の意識に飛び移るかもしれません。

実際に起こり得るというのはなかなか考えにくいことですが、宇宙や意識のあり方に関わる非常に鋭いお話です。

あいつのタイムマシン

次も短編集から「あいつのタイムマシン」というお話です。タイムマシンは絶対に作ることができる！　と信じている男とその友人の話を描いたもの。その男は独身、友人は既婚者です。

友人が男の部屋を訪ねると、そこには何の変哲もない板にちょっとした飾りがついたものに主人公が乗っています。微動だにしません。聞くとそれがタイムマシンだと言い張ります。そんな単なる板みたいなものがタイムマシンのわけがないでしょう、そう言って友人が諭すのですが、主人公は、《どうどう巡り》の輪の中にさえ入ればいい、といったことを話します。

この《どうどう巡り》というのはどういう意味でしょう。仮に過去に行けたとして、現在に影響を与えるようなことをします。例えば、過去には知りえない未来の情報を教えるといった具合です。40年前に戻り、未来には携帯電話という手帳よりも小さく、物によってはスマートフォンといってコンピュータ付きの電話が発売されて普及するよ、作り方はこうやるんだよ、と教えたりするわけです。そうした場合、「現在」の状況が変わってしまいます。「過去」ではすでに携帯電話というものの存在を知っているわけですから、すぐにそれを実現しようと開発のスピードが上がるかもしれません。そうしたら「現在」ではもっとすごい携帯電話やスマートフォンができていてもおかしくありません。そうしたらまた「過去」に出かけて、さらにすごい技術を教えて、と延々と繰り返せばさらにすごい技術が手に入ります。もしもそれを教える内容がタイムマシンだったらどうでしょうか。過去の自分に教えることで、タイムマシンの作り方を「現在」の自分が知ることが可能となります。このことを指して、どうどう巡りというわけです。しかしそのどうどう巡りの輪っかの存在を信じてその輪の中に入れば、タイムマシンがある世界に飛び込むことができるという理屈です。

突然男は立ち上がり、確信して走り出す。そうすると別の世界に宇宙全体が移行し、どうやら彼はタイムマシンを手に入れることができたのでしょう。過去に介入して現在を変えることに成功します。主人公の男と友人の立場が入れ変わってしまい、男は友人の妻と結婚しており、友人は独身になるという結末です。

タイムマシンがテーマでありながら、主人公の立場と友人の立場が入れ替わったということですから、どちらかというとパラレル同窓会の話に近く、主人公の男が叶えられなかった夢を実現した別の宇宙に飛び込んだ、という話に近いですね。

藤子・Ｆ・不二雄先生は、ドラえもんに代表されるような、タイムマシンを中心とした時間旅行の話をよく用いているように感じる人も多いかもしれませんが、実はパラレルワールドについて独自の解釈を持ち、作品に持ち込んでいます。この話は、タイムマシンでできることとパラレルワールドの存在を利用すれば、タイムマシンによるその《どうどう巡り》の輪の中にも入れるんじゃないか、そんな期待を込めているように思えます。

ちなみにどうどう巡りの話は、タイムマシンができない、という論理的な説明をするために使われることがあります。タイムマシンができるとすれば、過去の世界に行き、タイムマシンの作り方を教えて、いつの時代でも作れるようにするはずです。未だかつてタイムマシンが現れたという記録もないし、うわさもない。だからできないのだろう、と。

しかし並行した別の宇宙のどこかでは、タイムマシンができているかもしれません。ただその宇宙から、僕らの宇宙にそのことを伝えることはできないようで、僕らは未だに作ることができません。

タイムマシンを作る近道は、量子の世界についてさらによく知り、並行して存在する別の宇宙を発見することにあるのかもしれません。

あのバカは荒野をめざす

次は逆に、どうどう巡りの中にすでに入っている人の話。藤子・F・不二雄先生の短編集から「あのバカは荒野をめざす」です。

主人公は、ルンペンプロレタリアート、今でいうホームレスの男です。元々は会社社長の御曹司で、そんな生活とは無縁だったはずの人物。

除夜の鐘が鳴り、主人公は身構えて〝その時〟を待ちます。突然主人公の姿は消え、場面は過去の世界へと転換、彼は27年前の世界へタイムスリップします。過去の世界で、家の裏口から飛び出す男を主人公は呼びとめて話し出します。家の裏口から飛び出した男は過去の主人公自身であり、家を飛び出し、順調だった人生から外れていくまさに第一歩となる瞬間だったのです。主人公は自分の素性を過去の自分に打ち明けます。ところが過去の自分は信じません。主人公が必死の説得を試みるものの、過去の自分は自身の決定を曲げようとせず、若気の至りが勝るという話です。

結局過去は変えられず、ホームレスになった自分を変えることはできなかったというという結末。先ほどご紹介した、パラレルワールドが存在して何らかの拍子で違う自分になれるかもしれないという話もある一方で、この話のように何度過去の自分に影響を与えても今の自分の人生を変えることができないという話もあります。この話の最後は、元の時代に戻った主人公が、自分のオリジナルな時代のままでやり直そうと決心、なんとか自分の人生を切り開いていこうという前向きなシーンで終わります。

僕たちの体も身の回りのものも小さな粒がたくさん集まってできています。

小さな粒の小さな気まぐれで運命が決まったわけではなく、大勢の小さな粒たちが決めた運命の中に僕たちは生きています。そのため、ちょっとやそっとでは未来を変えることはできません。タイムマシンができても、なかなか運命を変えることはできないかもしれません。それだけ、現実に起きていることは非常に堅固で安定したものなのです。

だからこそ、「今」を大事に生きることが大切なのかもしれません。

四海鏡とタイムカメラ

藤子・F・不二雄先生の短編集には、未来からやってきたセールスマン、ヨドバという人物の話があります。未来からやってきたので、現代では考えられないような技術を駆使した商品を売ってくれます。藤子・F・不二雄先生は本当に科学の可能性をうまく捉えていたんだな、と思います。そのヨドバが持ってきた商品の中に面白いものがありました。四海鏡《しかいきょう》とタイムカメラです。

ブラックホールの中には、過去の光の粒が閉じ込められていて、それをうまく順序よく見ることができれば、過去の宇宙の様子を見ることができるかもしれないという話を先ほどしました。同様に、光の粒は宇宙のありとあらゆるところに飛び出し動き回っています。光の粒であれば、人間の目の網膜に反応するように、様々な物質に捉えられて消えてしまうこともありますが、ニュートリノのようになかなか捉えられずに飛んでいるものもあります。そうした、昔の宇宙の情報を持つ小さな粒が、飛び交っているわけです。四海鏡はそうした散らばった小さな粒をかき集めてうまく映し出すことで、遠くの景色や室内の様子を探ることができるというもの。タイムカメラは時間的に離れたところ、つまり過去の様子を見るカメラです。なんとなく実現できそうな話ではないか、とここまでの話を読み進めた読者の方は期待されるかもしれません。

カメラの原理は、レンズにより遠くの景色から降り注ぐ光をかき集めて、カメラ内部の小さなフィルム、今ではデジタルカメラの受像部分で画像を作り出しています。この光のかき集め方を工夫して、新しいカメラを作ろうという研究が盛んに行われています。レンズのないカメラもできました。光の粒をレンズでがんばって集めるのではなく、適当に散らばった光をそのまま受け取ります。その光は、もちろん綺麗な画像として見るには不十分です。しかし断片的に示す色や部分的な画像の形や、時には混ざった色や画像から、これはどこから来た光かな？　というパズルを解くことで画像を映し出す技術が登場しました。今までは光を十分に収集しないとちゃんとした画像にすることができないというのが常識でしたが、このパズルを解くところで工夫をすると、大した量の光でなくてもはっきりとした画像を得ることができる技術が確立しています。お医者さんは患者の体の中を調べるために、体の中を貫通するX線と呼ばれる強い光を利用したり、磁石の力で体の中にある電気の粒を揺らして、その振動の様子から体の中身を見る装置を利用したりします。しかし検査に時間がかかってしまうと体の弱い患者さんには耐えられないものになる可能性があります。検査の時間を減らすには、利用する小さな粒の量を減らすことになります。大した量の光ではなくてもはっきりとした画像が得られるのであれば、それまで負担が大きくてできなかった検査ができるようになります。世界中でこの技術についての研究が進み、普及しているところです。

どこから来た光なのか？　を当てる技術で、ブラックホールを見ようというプロジェクトも稼働しています。ブラックホールに吸い込まれていく物質から発生する光を見ることでブラックホールを見ようというわけです。しかし宇宙の遠くからやってくる微弱な光ですから、そのままではうまく見ることができません。探偵のように、どこから来た光なのかを調べることで、綺麗なブラックホールの画像が得られるようになりました。そのうちに、ブラックホールを見ることに成功した、というニュースが流れることでしょう。

え？　過去は見られるようになるのか、ですか――。

光の背後には過去を知る忍者がいるのですから、彼らに聞きながら様々な工夫をこらせば過去は見られるようになるんじゃないかな。

タイムマシンはできるか？

ドラえもんにも出てくるタイムマシン。過去の自分に何か言ってやりたい。過去の失敗やまちがいを消し去りたい。そんな時にタイムマシンがあったらいいな。ドラえもんに出てくるタイムマシンは、時間と空間を飛び出すような派手なワープをしています。過去に行くためにはそういった何か突拍子もないことをしないと難しいのだろうな、という印象があるかと思います。この手の方法で過去に行くのは非常に難しいことだと考えられています。

この本の主役は小さな粒ですから、その観点でタイムマシンについて考えてみましょう。タイムマシンと言うと自分が過去に行くための仕組みと考えられますが、逆に自分以外の世界を元どおりに、昔のままにすることができれば、それはそれでタイムマシンと言えるのではないでしょうか。例えば先ほどまで右にあったボールが転がって左に行ってしまったとしましょう。それは右側に元どおりに戻すことができます。ほら、タイムマシンです。ガラスが割れてしまった時に、それを完全に元に戻すことができれば、壊れた事実などどうでもよくなります。これができれば、世界中を元どおりに戻して過去に戻ることができます。

そこで邪魔するのが自然の摂理。秩序だったものが崩壊して、崩れ去っていくのが自然であるという法則があります。放っておくと部屋がどんどん散らかっていくのが自然です。そのため整理整頓をしますが、ひと苦労ですよね。散らかっていればいるほど作業は大変です。バラバラになったものを復元するというのは大変な労力がいります。周りのものをすべて元どおりに直すタイムマシンは、その意味でやはり非常に難しいものであるとわかります。

でも不可能ではありません。遺跡や化石の発掘作業をしている現場では、まさにこういった作業をしています。砕け散った土器や石器などのかけら、恐竜の骨なんかも修復します。大変な労力をかけて過去の情報を復元しています。これは現段階の人間ができる範囲でのタイムマシンです。もっと技術が進めば、もう少し過去の様子が見られるようになるでしょう。はっきり、くっきりと。遠くのものを見つめる望遠鏡と同じように、過去のことを見通す魔法の鏡ができるでしょう。

タイムマシンを作るための手がかりは、地球の中だけではありません。宇宙には過去に生まれて散らばっているたくさんの小さな粒がいます。この小さな粒を捕まえて、どこから来たのかを訊ねることができたら、タイムマシンはできるのではないでしょうか。実際にニュートリノは、遠くの星の爆発を看取って僕らの地球にまで届いています。遠くの過去のできごとを教えてくれるのです。そして忍者がどこの出身であるか、どこをたどってきたのかも、よーく知っています。彼らに話を聞くことができたら、過去のできごとを見通すことができるはずです。

メフィスト惨歌

最後に取り上げるのは、短編集から「メフィスト惨歌」。主人公は、またまた冴えない男。そこに悪魔メフィストが現れて、望みを叶えてやるから魂をよこせ、と交渉してくる話です。問題は魂を渡すタイミングです。それは主人公が亡くなる時。しかし主人公は機転がきき、いつのタイミングで亡くなったという判断になるのか、しっかりと契約書に書き記します。主人公が提示した条件は、自分の細胞のすべてが死滅したことを確認した時、というものでした。この話のオチは、主人公がアイバンクに登録しており、彼が病に倒れて死を迎えても、移植された網膜の細胞は彼由来であり、他の人の目で細胞分裂を繰り返し、増え続けるというものでした。そのため彼の死を契約書どおりに確認するのはいつまでたっても困難で、最終的に悪魔が諦める、という話です。

人の死について、いつをもって死とするか。

究極の問いです。医学的にはいわゆる心肺停止で死を認定することにしていますが、人の体を構成している細胞は、その後も生かすことは可能です。

最近は人の老化についても研究が進み、細胞分裂でコピーが失敗したときに少しずつ異なるものや失敗した残骸細胞が山積し、それが老化現象として現れるということがわかってきています。コピーの失敗は実は体の様々なところで起きており、若いうちは気にならないものの、だんだんと累積してしまった結果、見逃せない症状を引き起こすことになるというのです。コピーが失敗してしまったために生じた老廃物を廃棄することができれば、若いまま体を保つことができるのではないかということもわかってきています。

違う人の体に細胞を移植することができれば、もともと自分の体であったものがそのまま生き続けるというのは、実際そのとおり起こりうるでしょう。現実には拒絶反応等の問題がありますが、それをいかに克服するかが、医療現場でも研究の現場でも重要なポイントとなっています。

一方で、再生医療の急速な進展をもとに、その人の細胞から本当に新しい個体を作り出すということができつつあります。今は損傷してしまった部位を再生するために利用されていますが、将来的には本当に〝もう一人の新しい自分〟を作り出すことができるでしょう。自分のそっくりコピーを作ることはできないという話を前章でしましたが、この場合は、コピーではなく自分自身を〝増やして〟いることに相当するので、量子の世界のルールに反することはありません。

第4章

未来への挑戦

ムーアの法則の限界が迫る

これまで、小さな粒が我々の身近にいること、その変わったふるまいに関係するお話などをしてきました。壁を通り抜けて、縞模様を作るときには二つの穴をどちらも通るという、とても理解しがたい性質を持っていました。

この小さな粒の仲間に、電気の粒がいます。電気製品が動くのも電気の粒のおかげです。電気の粒は信号に従って動いたり止まったりを繰り返します。信号を操ることで、タイミングを調整して電気を送り、複雑な電気回路を動作させて、機械を動かすことができます。電気が流れると周りの金属を引き寄せる磁場を発生させることができます。これを利用して磁石を作り、物を引き寄せくっつけて動かす力を得ることもできます。電気の粒はかなりの働き者です。

今どこまで動作が進んでいるのか、など途中経過を記録する機能を持つ電気素子も作ることができます。基本的には電気の粒を貯めておき、その量が多いか少ないかで、この処理は終わった、終わっていないなどの記録をします。他にも計算途中の数字も電気の粒を貯めた量に応じて記録することができます。

小さい電気の粒を貯め込んで記録をするには、〝プール〟を用意する必要があります。このプールからたまに電気の粒が溢れて記録が不正確になる恐れがありますが、絶えず電気の粒を流し込むことで、記録を維持して残しています。このプールのサイズをできるだけ小さくすることで、限られた広さの中にたくさんの作業記録を残すことができますし、電気の粒を貯め込む量を減らすこともできます。機械の中には、できる限り小さいプールを作りたい、というのが科学者、技術者の願いです。

また電気の粒を使って、様々な回路を動かす時に電気の粒が走る道を作らなければなりません。この道が広かったら、たくさんの電気の粒を通せる半面、機械の中に道以外のものを置くところがなくなりますから、道はできるだけ細いほうがいろいろなものを置くのには便利です。電気回路も複雑な動作をさせるためには様々な機能を持ったものを載せたいので、できるだけコンパクトに詰め込みたいという要求があります。

インテルの創設者のひとりであるゴードン・ムーア博士が提唱した、半導体の微細化による限りない性能向上＝「ムーアの法則」をご存じの方もいるかもしれません。

日常的に利用される電気製品の代表例が、パーソナルコンピュータ（いわゆるパソコン）ないし、携帯電話、スマートフォンでしょう。かなり小型になってきましたが、その中身はこうした日々の小型化努力により達成した技術の賜物《たまもの》です。しかし電気の粒が小さい粒であることを思い出すと、量子の世界で起こることが同じように起きてしまうのではないだろうか、という気がしてきます。

二つ並んだ電気の粒の道があるとしましょう。二つの道の間を電気の粒は飛び出すことはなかったのに、その道が細く、道の間も細くなると、ありとあらゆる可能性を忍者が調べているうちに片方の道からもう片方の道に飛び出すことを認めてしまうかもしれません。作業記録を残したプールでは、壁を突き抜けて隣のプールの中に侵入してしまうかもしれません。量子忍法壁抜けの術です。さらに小さいものを作るためには細かい作業を行うピンセットを使う必要がありますが、その動きも量子のルールに従って揺れ動いてしまい、自分たちの希望した動きが正しくできなくなることが予想されます。ちょうど生き物が大きくなった理由として考えてきたことと同じです。

微細化がすでに小さな粒のサイズレベルに達してしまったため、コンピュータをはじめ複雑な動作をする電気製品の順調な発展を予想した前出のムーアの法則と呼ばれる経験則に、だんだんと陰りが見えてきました。これ以上進化した電気製品を作り上げることは難しいのではないか？　という限界が見えてきたわけです。

そもそも電気製品はどうやってできているか

人間は、小さい粒の性質を巧みに利用して今日の電気機器を作り上げています。その一つが、コンピュータを動作させるために必要なトランジスタです。コンピュータ上で指令を送るときは、電気の粒が多い・少ないという区別を用います。単純なものであれば、電気の粒が多い・少ないという様子を区別することで画面の表示を黒・白と変えれば映像を映し出すことができますし、音を出せば音楽を鳴らすことができます。その電気の粒が多い・少ないという区別を細かい単位で刻むことで、さらに複雑な表現をさせることもできます。その指令を送る役割を果たしているのがトランジスタです。

電気の粒を増やしたり減らしたりするためには、どうしても電力を使います。電力を多く使うと発電所に払うお金も必要ですし、機械が熱くなるといった危険が伴います。そのため電力はあまり使わずに電気の粒を操作する技術が必須になります。それで利用されているのが半導体を基本とする電気素子です。

そもそも導体という言葉は何を意味するのでしょうか。導く体と書きますから、何かを導いているものです。電気の粒が非常に流れやすいものを指します。例えば金属は導体で、すぐに電気の粒を流します。それは金属の中に電気の粒がたくさんいて、特に一部の電気の粒の中には自由に動き回れる身軽なものがいるからです。逆に電気を通しにくいものは、不導体といいます。自由に動ける電気の粒が存在せず、電気の粒が引きこもって動けない状態にあります。その中間が半導体です。素直に電気を通さないようにして、電気の流れ方が導体とは異なるものを指します。この半導体の技術の向上により、電気製品の進化と小型化が急速に進みました。

半導体で有名なものはシリコンでしょう。今のコンピュータの中のほとんどの部品でシリコンが使われています。実は、このシリコン自体は電気を流しにくいという特徴を持っています。シリコンは中にある電気の粒をしっかり支えた構造をしているからです。そんな電気を抱えてなかなか離さないシリコンを、電気を自由自在に操ることが重要な機械でどうやって使うというのでしょう。

熱を与えて温度を上げると、粒が動き出すという話を思い出してください。まずはシリコンに熱を与えて電気の粒を飛び出させるという方法があります。これにより温度が上がると電気が通るようになるという、通常とは異なる性質を持ちます。金属の場合は、自由に動ける粒がいるため電気はもともと通りやすいのですが、温度が高くなると電気の粒以外の動きが活発になるせいで、電気の通りを邪魔をするようになります。つまり、金属の場合は温度が上がると、電気の粒が通りにくい。逆にシリコンは、温度が上がると動ける電気の粒が増えてくるので、急激に電気の粒が通るようになります。まったく逆の性質を持ちます。

他にも、半導体に光の粒を当てて弾き飛ばされた電気の粒を利用するという使い方もあります。これを利用すれば、光が来たことを察知することができます。光センサーといいます。暗くなったら自動的に街灯や、車のライトが点灯したりしますよね。光センサーはそういう用途で利用されます。

この性質を利用して、半導体は絵の具にも利用されています。光の粒を受けて電気の粒が弾け飛ぶときに、その光の粒は電気の粒に吸収されて消えてしまいます。光の粒の勢いを受けて電気の粒がそのまま飛び出すというわけです。元の故郷を抜け出すために、電気の粒は少しばかり税金を納める必要があり、飛び出す電気の粒の勢いは少しだけ失われています。そのため税金を払うことのできないくらいの勢いしか持たない光の粒がやってきた場合は、それに見合う税金を払えないため電気の粒は飛び出すことができません。光の粒も電気の粒の脱走劇に協力できずに跳ね返ってまた別のところへと旅立ちます。光の勢いに相当する、光のエネルギーは色に関わっていましたから、どの色の光が吸収されるか、跳ね返されるかが半導体の性質で決まっているということになります。半導体からは、選ばれた色の光だけが弾き飛ばされるわけですから、特別な色になります。電気の粒の話なのに、なんと絵の具にまで関係してしまいました。

ニュートリノの検出にも、このシナリオが利用されています。水の中にニュートリノが走って、その中にある電気の粒がものすごい勢いで弾き飛ばされる。その勢いにより光の衝撃波が生じるという話をしました。その衝撃波を検出するのに、この光センサーを利用します。とはいえ、非常に微弱な光であっても漏らさずに検出したいため、光の粒から弾き飛ばされた電気の粒を受けて、大量の電気の粒が雪崩《なだれ》を起こすように仕掛けをしておきます。これを「光電子増倍管」といいます。ニュートリノを観測するための装置、カミオカンデでは、大量の水と大量の光電子増倍管を用意してニュートリノがどこからいつ来るのかを待ち構えていたというわけです。

太陽電池は光と電気の出会いから

半導体の代表格シリコンの中身は、電気の粒と光の粒、見えない小さな粒が大活躍する舞台といえます。面白い使い方ができそうなので、さらに改良を重ねてみましょう。やや電気の粒が過剰気味なものと、やや電気の粒が不足気味のものを混ぜ合わせます。電気の粒が過剰気味なものを混ぜたところと電気の粒が足りないものを混ぜたところをくっつけると、その接着面では電気の粒をやりとりして、不足しているところに余っている電気の粒を埋めてうまくおさまり、先ほどのシリコンと同じ状況ができます。

ここに光の粒がやってきたら、再び電気の粒が弾け飛びます。その際、電気の粒の勧誘活動が始まります。電気の粒が過剰気味だったとはいえ、かなりの電気の粒が移動した後ですから、勧誘活動が積極的なのは過剰気味だった方で、そちらに向かって光の粒に弾き飛ばされた電気の粒が移動します。むむ、電気の粒が勝手に移動したぞ。光を当て続ければ、電気の粒がどんどんやってくるぞ。そう、これが太陽電池の原理です。光がやってきたことを電気の粒が教えてくれるわけですから、電気の粒に聞けば、光がどんな勢いで来たかも教えてくれます。光の勢いは、光の色に対応していますから、どんな色の光がやってきたかということもわかります。これは画像の記録に使えるかもしれないぞ、ということでさらにひと工夫されたものがデジタルカメラに利用されています。

この電気の粒が過剰気味なものと不足気味なものを混ぜてくっつけてできた半導体に、電気の粒を流すことにしましょう。粒が過剰気味な方に外から電気の粒が入ってくる場合は、電気の粒を流していってしまいます。接着面付近では電気の粒はみんな落ち着いているので、外からやってきた粒はそのまま移動していき、電気の粒が不足気味のところまでちゃんと流れます。電気の粒は、その不足気味のところで即採用となります。採用されるにあたって、しばらくこ

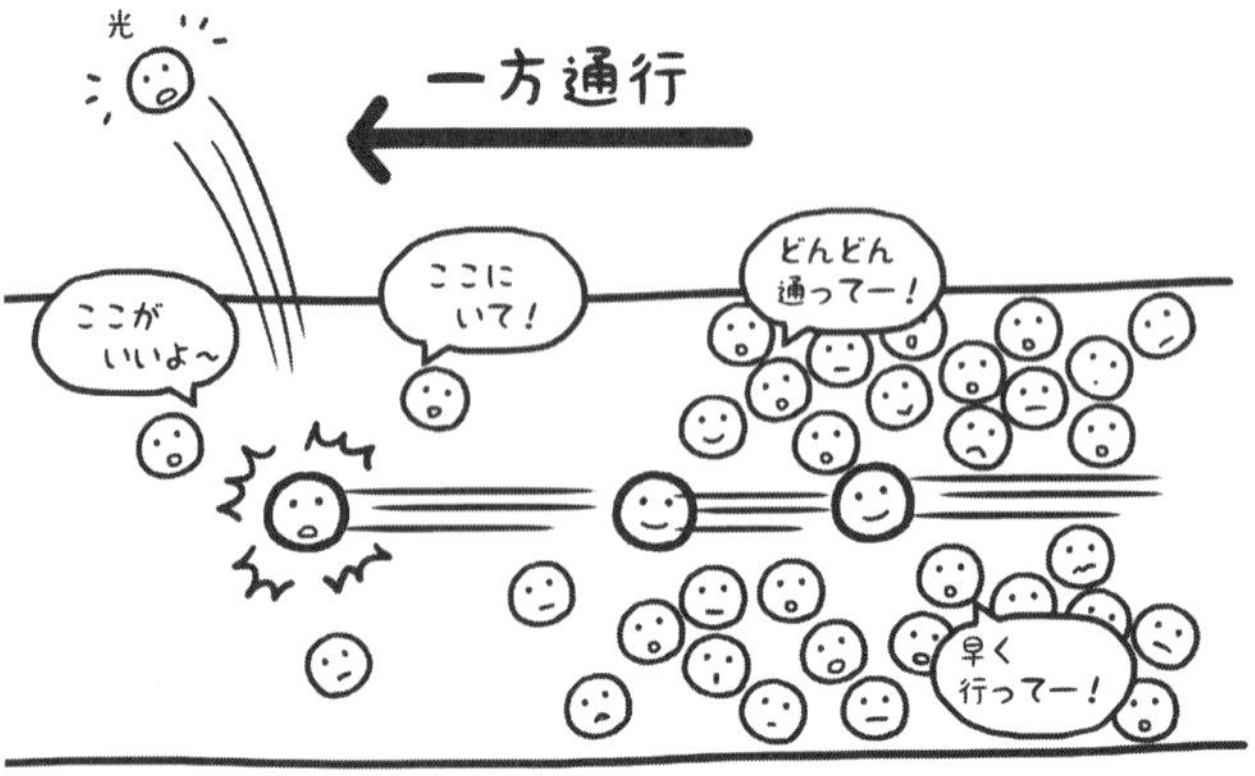

こに居座るわけですから、余った勢い分、光の粒として放出します。光の粒を吸収して電気の粒が弾け飛んだのと逆に、今度は電気の粒が止まり、光の粒を放出するというわけです。これは電気の粒を流すことによって、光の粒を出すことになりますから、発光する装置となり、発光ダイオードのできあがり。電気の粒を過剰気味に持つところと不足気味に持つところの作り方によって固有の色をした光の粒を作ることができるので、液晶テレビのバックライトに利用することができます。さらにうまく出てくる光の方向をうまく一直線に調整して強めることでできたのが、半導体レーザー。レーザーポインタなどに利用される安価で小型なレーザー発生機器のできあがりです。

逆向きに電気の粒を送るとどうでしょうか？　すぐに電気の粒が不足気味のところへ到着してしまい、電気の粒が収まってしまいますから、そこから動くことができません。つまり逆の方向には電気を流せません。電気の粒の動きが一方向に制限されるということです。金属などの導体では、電気の粒はどちらの方向にも流すことができますが、半導体ではこのように、一方向のみに電気の粒を流すことができます。

自分が手にしている電気製品の中でそんなものが動いているのかと思うと、量子の世界がとても身近な世界であると感じられるのではないでしょうか。

コンピュータの中身はあみだくじ

最近の一般的なコンピュータの動作に用いられるMOSFET（電界効果トランジスタ）というものでは、電気の粒が不足気味のものを混ぜた不純物半導体の下地に、電気の粒が過剰気味のものを混ぜたレールを敷いて、そのレール間で電気の粒をやりとりするようにします。何もしなければ、電気の粒をやりとりしようにも電気の粒が不足気味の下地部分に電気の粒が奪われてしまいます。そこで下地の上から電気の粒に集合命令をかけます。そうすると不足気味のところからも嫌々ながら電気の粒に招集がかかり、下地の上側に電気の粒がやってきます。レールと下地の上の部分が、金属の中と同じように移動できる電気の粒がたくさん用意された状況になり、レールの間で容易に電気の粒をやりとりすることができます。集合命令ひとつかけるだけで電気の粒が流れやすくなるので、電気のスイッチオン・オフが簡単にできるというわけです。この電気のスイッチオン・オフが手軽にできるようになると、自由自在に電気を操ることができます。

電気の粒同士は仲が悪いという話がありました。実は互いに反発しあって、くっつこう

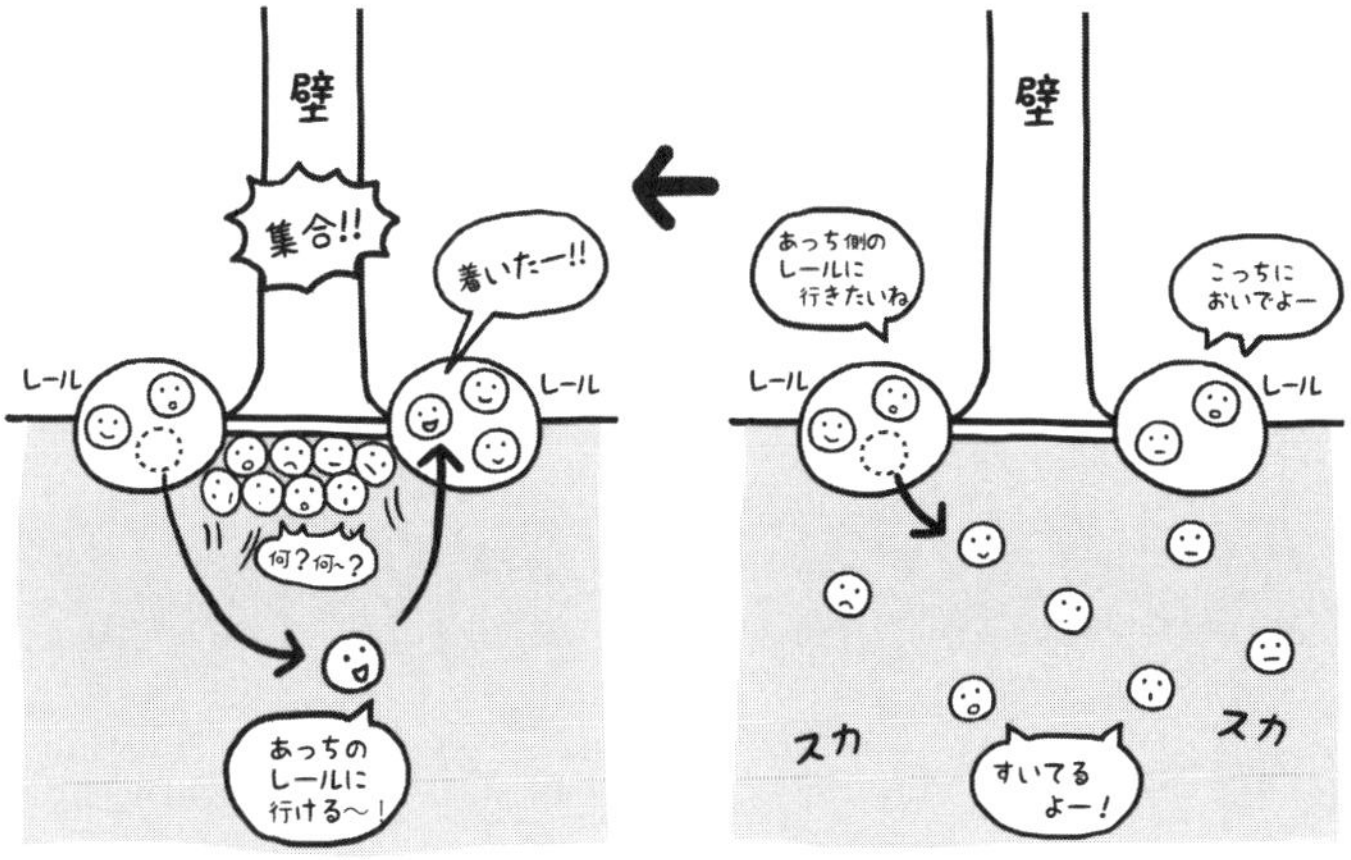

とはしない性質があります。

ところが、電気の粒が減れば、その分隙間ができるのでそこに入り込もうと周囲の電気の粒たちは我先にと移動を開始します。

そういう殺伐とした競争が起こり、電気の粒はそのできた隙間に集まろうとします。

その隙間に集まる習性を利用して、電気の粒を制御する「集合」命令に利用します。

逆に電気の粒を増やすと、電気の粒が避けるように移動するので「解散」命令となります。

電気の粒のこの習性と命令は、遠く離れた電気の粒にも影響しあうため、壁を隔てても伝わります。電気の粒が減らされると、「電気が足りない」と周囲の粒たちに呼びかけるという具合です。下地の上に電気の粒が通れない壁を用意しておき、その向こうから「集合」命令をかけます。

何やら声がするけれども、壁のせいでそちらに行けない。壁の周囲には電気の粒が集まるという格好です。

下地の中でも電気の粒が多めに集まった場所ができあがりました。レールの間で電気の粒をやり取りしようにも、下地に電気の粒が少ないがために、そのやり取りがスムーズにいきませんでした。

ところが壁の向こうから集合命令がかかったことで、下地に電気の粒が集まってくれたので、電気の粒をレールの間でやりとりできるようになりました。まるで電気の粒同士が声をかけあって抜け道を用意しているようです。そうなると電気の粒がいろいろなところを動き回ってスイッチオン・オフをしながら、仲間の行く道を用意したり、そこには行かないほうがいいと指示を送ったり、さまざまな道をたどって迷路を抜けるという姿が想像されます。自分で道をつないだり消したりしてできあがる迷路というと、あみだくじが思い出されます。あみだくじを作るときにつけ足す線を変えると結果が変わりますよね。このあみだくじで引く線を変えるというのが、コンピュータでいえば、計算をしてほしい問題を変えるということです。その計算をした結果があみだくじの結果として出てくるということです。いろいろなあみだくじを用意して、一つ一つ人間の手でたどっていては時間がかかるところを、電気の粒を流して素早く一気にたどるという発想がコンピュータの計算です。

コンピュータというとものすごく複雑な動作をしていそうなものですが、実はそうでもなくて、電気の粒が通るか通らないか、その二つの組み合わせを繰り返して複雑な計算をしています。この異なる二つの可能性をそれぞれ試していくことで多くの計算を行います。

あれ？　この話はどこかで聞いたことのある話じゃないか……そう、二重スリット実験です。二つの穴を通る時に、左の穴と右の穴、その二つの異なる可能性が与えられた光の粒の話です。

二重スリット実験再び

電気の粒を通すか・通さないか、そのスイッチオン・オフを繰り返して、あみだくじを作るようなイメージで計算ができるということに少し触れました。ちょうど二重スリット実験で片方の穴へ通るか、それとももう片方の穴を通るかということに置き換えても同じですね。

電気の粒も小さい粒で量子の世界の住民ですから、二重スリット実験を行うことができます。そうなると、二つの穴をそれぞれ通るだけではなく、異なる二つの可能性を持ち合わせたまったく新しい通し方をすることもできることに気づきます。計算のためにどちらかの穴を通すだけではなく――

二つの穴に同時に通すことも可能じゃないでしょうか？

これまでのコンピュータでは小さな粒の移動によって計算や記録をしてきました。でもそれは彼らの本当の能力を使ってきたとは言えないんじゃないか、という気がします。彼らは異なる二つの可能性を持ち合わせるということができてしまうのですから。

仮に二つの穴を通すということを同時に行うことができるのであれば、ものすごい計算性能を示すのではないか？　なぜなら、穴が二つあった場合には小さな粒を二回は投げないとそれぞれの穴に入れた時の結果はわからないはずです。しかし異なる二つの可能性を組み合わせることができるのであれば、たった一度、小さな粒を投げるだけで済むのですから計算の手間を減らすことができるはずです。そんな発想で突き進めていったのがまったく新しい「量子コンピュータ」というアイデアです。

とはいえ、現代のコンピュータも負けていません。並列化という方法があります。似たような動作を横並びにして一気に計算する方法です。二つの穴があった時に、片方のコンピュータでは一方の穴に、もう片方のコンピュータではもう一方の穴に電気の粒を投げ入れるというものです。なんだ、それじゃあコンピュータの台数さえ増えれば、量子コンピュータの出番はないじゃないか、今あるコンピュータをたくさん用意して、ちょっと計算の仕方を工夫するだけでいいのではないか。今ある技術をそのまま利用することで、計算性能を飛躍的に上げられるのであれば、量子コンピュータなんて必要ないのでは……？そんな批判的な声も聞こえてきます。しかしコンピュータをたくさん用意するということは、電気の粒を大量に消費する必要があり、ひいてはたくさんの電力を利用する必要があります。そんなにたくさんの電気を使うのか、と気が引けませんか？

量子コンピュータには、さらにもう一つご利益があります。二重スリットの実験で、異なる二つの可能性を持ち合わせることができるという話がありましたが、その結果はどうなりましたか？　それぞれの穴を単に通った結果を、単純に二つ重ねただけの結果だったでしょうか？

縞模様でした。

小さな粒は異なる複数の可能性を重ね合わせて、これまでの常識とはまったく異なったふるまいを示すことを思い出してみましょう。単なるコンピュータの並列化、つまり繰り返して行うべき計算を一度に済ませるような単純なことではなく、新しい計算の可能性、新しい足し算の可能性を示しているのです。その背後には忍者があらゆる可能性を探索していることも、読者の皆さんならもうよくわかっていますよね。そんな量子の力を最大限に活かしたら世界が変わるんじゃないか？　そんな気がします。

縞模様を操る「量子コンピュータ」

現在のコンピュータは、電気の粒をうまくスイッチオン・オフすることで電気の粒を誘導していくあみだくじです。ところが量子の世界では、異なる二つの可能性を持ち合わせることが可能です。スイッチオン・オフをした場合の結果を一回一回出すよりも、一気に二つの異なる場合を組み合わせた方が効率的なはず。でもちょっと変わった結果になるから扱いが難しそうだなあ、というわけです。

どんな計算結果になるのでしょう。忍者をうまく操り、結果をどう解釈したらいいだろうか。それはまったく新しい考え方ですから、研究者も慣れ親しむまでに時間がかかりました。その訓練に時間を費やしましたが、ようやく最近になっていくつかの計算方法が見つかりました。うまく工夫すると、本当に様々な可能性を同時に考慮することができる。さらに、その縞模様を調整して、ある一つのところだけを光り輝かせることができるようにしました。それが欲しい計算結果となるように調整できるようになったのです。量子に、本当の力を発揮してもらい、複雑な計算をしてもらえるようになったのです。それが「量子コンピュータ」です。

素朴な利用例は、検索です。僕たちの世界では図書館などで背表紙を眺めながら読みたい本を、あるいは目的に合う本を探します。調べ始めるところが悪かったら、図書館の端から端まで調べてみないと探している本が見つからないなんてこともあります。完璧な答えを見つけるには、基本的にはほぼ全部を調べないとダメだというのが検索の難しさです。ところが量子の力を利用すると、もっと早く見つけることができるようになります。いろいろな本（情報）に対応する穴を開けて、それらのすべてに入るように光の粒なり電気の粒を投げ入れる。その時に穴の開け方に工夫をし、縞模様がだんだん欲しい本だけを指すようにひと工夫しておくわけです。このだんだん、というところで少し時間がかかりますが、全部の本を見るよりも早くできることがわかりました。こうした検索や探索は量子コンピュータが得意とする作業です。背後に忍者がいるおかげです。

有名なのは、素因数分解を行うというもの。その数字が割り算できるかどうかを徹底的に調べるというものです。余りのない割り算ができる数字が見つかれば即解決ですが、数字が大きくなるとなかなか見つかりません。でも割り切れる数字を探すという作業は、量子コンピュータにとっては得意な分野。今のコンピュータで探すよりも圧倒的なスピードで見つかることがわかりました。これは面白い。量子の力を利用すると、今までよりも高速な作業ができるものが発見されたわけです。そうなると他にもないかということで、研究者たちがこぞって新しい計算の仕方を模索するようになりました。忍者の力を借りることができるようになったのです。

どうやって量子の住民を操るか

光の粒や電気の粒を二つの穴に通す、しかもその穴を閉じたり、ふさいだり、変化させたり……と非常に細かな操作技術が必要です。また、忍者が裏で暗躍できるよう、粒たちが途中でその姿をさらさないようにする必要があります。ちょっとでも見られてしまうと、忍術の効果が切れてしまいます。小さいスケールでは、操作を確実に行うことが難しいという話も前に紹介しました。他の小さな粒の影響を受けてどうしてもブレてしまう。そうなると光の粒や電気の粒そのものを一つ一つ扱うというようなことは、ちょっとやそっとの工夫では実現させるのが難しそうです。

そこで現在一番注目されているのが、電気の粒に仲介役を用意してペアを作り、小さな粒に集団行動をさせる超伝導技術を利用するというものです。通りぬけフープの話でありましたように、ある程度のまとまりを一気に操作することができるので、比較的操作がしやすいというメリットがあり、周囲の電気の粒からの影響を多少受けたとしても、なんとか持ちこたえることができるというメリットがあります。集団行動の強さです。

実際、この超伝導技術を利用してこの量子コンピュータを実現しようという動きが世界各国で活発化しています。有名なところではグーグル、ＩＢＭ、さらにはインテルやマイクロソフトまで参入して、我先にとその実現に向けて研究開発を進めています。

超伝導技術以外にも、量子をうまく利用しようという試みはたくさんあります。周囲の影響を受けてしまうという問題は、光の粒や電気の粒をある程度のかたまりにし、やはり集団行動の強さを利用して解消します。

ここでスイッチオンにしてほしいのに、たまに間違えてしまうということがあります。そういった誤りを訂正するために、同じ操作を複数個の小さな粒に同時にさせて、その結果について多数決を取る。ちょっと間違えたところがあっても、みんなが同じ計算をしていることでバックアップすることができます。こうして間違いを訂正していく技術を「誤り訂正技術」といいます。もっと込み入ったものもありますが、こうした誤り訂正技術を駆使して忍者たちを守り、なんとか計算が終わるまで周囲の影響に惑わされず、持ちこたえられるようにしています。この持ちこたえるための技術の向上により、小さな粒の集団行動を保ったまま実行できる時間を引き延ばせるかどうか。これが量子コンピュータの実現に最も重要な要素とされています。超伝導技術に誤り訂正を組み合わせて、もっと頑強な小さな粒の集団を作ろうという試みもされており、量子の世界の住民を自由に操作できる理想的な環境づくりがどんどん進められているところです。

ちょっと変わった計算方法「量子アニーリング」

所望のものを探し当てる検索や素因数分解など量子コンピュータが行う計算で、これまでよりも圧倒的なスピードで解けそうな問題はまだまだ限られたものですが、この新しいコンピュータが完成すれば、さらに人々の興味・関心が高まり、開発を加速させるでしょう。異なる複数の可能性を組み合わせた計算を利用する量子コンピュータ以外にも、これまでのやり方とは異なるコンピュータが最近登場しました。そしてそこでも量子が活躍しています。

「量子アニーリング」と呼ばれる方法です。

コンピュータは非常に便利で、何でも要求に応えてくれるもの。そういう印象を持たれているかもしれませんが、それはいろいろなニーズに合わせてどういう操作をすればいいかという手順書をたくさん用意しているからです。そのため、手順書を用意した場合は動作をしますが、どうやったらいいかわからないものは、まったく動かすことができません。

この量子アニーリングと呼ばれる方法を用いたコンピュータでは、決められたルールのもとで最大限のパフォーマンスを引き出すためにはどうしたらよいか、という問題を解くことができます。「最適化問題」といいます。例えば、ある場所から必ずこの家とあの家に荷物を届けなければならないという条件のもとで、最大限効率よく荷物を配達したいという願望を叶えることを考えてみましょう。配達にかかる時間を最短にしたいとか、ガソリンの使用量を最低限にしたりして最高のパフォーマンスを引き出したいものです。宅配便の経路を決めるためには、このような最適化問題を解く必要があります。他にも飛行機の発着の際に、前後の飛行機の間はできるだけ距離を離した上で発着数を増やすとか、荷物を詰め込む限度は決まっているけど、できるだけ多くの荷物を詰め込む方法を探す、というものも最適化問題の一種です。

要するにパズルを解けというわけですね。いろいろ条件があり、その条件は必ず満たすようにしなければいけない。これを試してみたら他のピースがはまらない、じゃあ違うものをはめてみたら今度はこっちがはまらない……そういう試行錯誤を何度も繰り返して、完全にはまるものを見つけなければいけない。そういった難しさを持つ問題が最適化問題です。

このパズルを自動的に解くということを小さな粒にやらせる、それが量子アニーリングで行う計算です。しかもこれまでのコンピュータと違って、手順書不要。パズルの解き方を知らなくても、そのパズルが解けてしまうのです。そこが量子アニーリングの強みです。

「量子アニーリング」は難しい？

今晩の食事をどうしようか。栄養を考えると、野菜が必要、お肉も必要。冷蔵庫には残り物がこれくらいある。栄養満点のもので、かつできるだけ安く食材の値段を抑えたいので、必要最低限の食材を得るには何を買ったらいいでしょうか。そんな悩みもすぐ解決してくれるのが量子アニーリングです。家庭に一台そんなコンピュータが欲しいですよね。

実は、その量子アニーリングを実行するコンピュータがすでに実現しています。カナダの会社が超伝導技術を利用して、量子アニーリングの原理に基づいて動作する回路を作り上げて販売しています。多少の変動はありますが十数億円といったところで、日本でも販売提携をしている会社があります。でもまだまだ非常に高い価格がネックで、日常的に利用されるのはもう少し先かもしれません。そのときにはきっと、スマートフォンから量子アニーリングを実行するコンピュータにこういう問題を解いてくれと指示をし、その回答を得るという形式になると思います。皆さんが量子コンピュータそのものを買う必要はありません。

日本も負けておらず、この超伝導技術を利用したものを真似して、さらに改良版を作ろうという動きもあります。そして日本の技術力が生きる半導体を利用して、同じようなことができないのか？　といった取り組みも始まっています。様々なやり方で小さな粒に動いてもらい、これまでとは違った形式で計算をする。そんな時代が来ているのです。

そんなにすごいものなら、理解しがたい難しい方法なんだろうと思うかもしれません。それが意外に単純な仕組みなのです。

まず通常のコンピュータでは、何か計算をするためには人間が機械に指令を与える必要があります。機械は自分で計算をすることはできないので、プログラムという手順書に基づいて計算を行います。この状況を例えると、赤白の旗上げに似ています。赤白の旗を左右の手に持って、赤上げて、白上げてと指示されるとおりに動かすあれです。もっと単純に、一つの旗を上げ下げするというのがコンピュータの動作については適切な例えとなります。複雑な計算の場合は、複数の電気回路に旗の上げ下ろしの指示を与える必要がありますしかし最適化問題を解くということはパズルを解くようなものだと言いましたが、通常のコンピュータだと、そのパズルをどうやって解いたらよいかという指示を人間がしないといけないのです。解き方がわかっていれば苦労はありません。ここがコンピュータの〝最大の弱点〟です。

一方、量子アニーリングによる計算では解き方を人間が考える必要はありません。どういう問題を解いてほしいのか、その指示を一度だけ送ります。「このパズルを解きなさい」、それだけです。どんなパズルなのかというルールだけを指示して、後はお任せです。解き方は知らなくてもいいのです。さらに、解くために電気回路を動作させるために絶えず電気の粒を送ったりする必要がありませんから、電気代もかからない省電力な方法です。

それでは、どうやってパズルのルールを教えるのか。再度、宅配便の輸送経路の問題を考えてみましょう。輸送経路を考えるという問題は、どの道を通るか、通らないかを決めることで解決します。その際、ある道を通ればその道に続いている他の道も選択する必要があります。例えばある道を抜けた後に4つの道に分岐している場合、4つのうち1つの道を選ぶと、残り3つの道は選ばないというように、近くの道の中から一つだけ選んだら、他の道は選んではいけないというルールがあります。道の選択を旗の上げ下げで表現すれば、ある町をまたいで、旗を上げるのは2人までというルールで、旗が上がった道の合計距離が最短の経路を探せという問題になります。このルールと、旗を上げた時に配送経路がどれくらいの距離になるのか、その数値だけを、量子アニーリングを利用したコンピュータに入力をします。

こうやって最適化問題のルールを教えたあとは、放っておくだけ。それだけでパズルが解けてしまう、というのが量子アニーリングの威力です。これ以外はできないので通常のコンピュータより不器用ですが、人間からの指示を要するというコンピュータの〝最大の弱点〟は克服できています。

小さな粒に任せてパズルを解こう

量子アニーリングでは、計算をする際に必要な旗上げを小さな粒にやってもらいます。カナダの会社が作った量子アニーリングを行うマシンでは、超伝導技術で小さな粒の集団にその旗上げをやってもらいます。超伝導状態にある電気の粒をリングの中に閉じ込めてぐるぐる回ってもらいます。実際に旗を上げる代わりに、配送経路の問題では、電気の粒が回る向きが時計回りだったらその道を使う。反時計回りだったらその道を使わない、として問題を解いてもらいます。超伝導状態にある電気の粒を閉じ込めたリング同士にコイルを絡ませることで、他のリングがどちら向きに行進しているのかがわかるように細工をしておきます。こうしておけば、配送経路の問題のように、ある道を通る場合は町をまたがってもう一つだけ道を選ぶというパズルのルールに従うことができます。

量子アニーリングでは、いろいろな組み合わせの中からパズルを解いてもらうために、このコイルによって設定された問題のルールを最初はあまり気にさせず、だんだんとルールどおり従うようにコイルの設定を調整していきます。最初からパズルのルールばかりを意識していてはうまく解けないということです。

それでは量子アニーリングでパズルを解くときに、その解き始めはどのようにパズルにアプローチしているのでしょうか。ここで量子の性質を最大限利用します。複数の可能性を持ち合わせることができるという、あの性質です。

量子コンピュータは、縞模様を作る複数の可能性を組み合わせて新しい足し算のやり方を利用するというものでしたが、量子アニーリング方式では、複数の可能性を持ち合わせるという性質を利用します。二重スリットの実験であれば、左の穴を通った光と右の穴を通った光を持ち合わせたものを利用するということです。そのままスクリーンに映せば縞模様ができあがります。スクリーンに映さずにそのままの状態を保っておけば、複数の可能性を保持した光を利用することができます。前出のカナダの量子アニーリングを行うマシンでは、超伝導状態にある電気の粒に、ある特別な指令を送ります。時計回りの状態と反時計回りの状態、これらの両方の可能性を保持しておきなさいと指示をします。つまり複数の可能性を持ち合わせて、どんな解答にするかいろいろな可能性を想定しておいてもらうというわけです。そのあとで徐々にパズルのルールを教えていきます。あの答えがいいかな、この答えがいいかな……とあらゆる可能性について忍者が調べてくれるというわけです。

量子の性質を大胆に取り入れたアイデアをもとにして、量子アニーリングの実行方法が提案されました。そして提案された方法どおりに実現した人たちが現れ、世界で初めて量子の力でパズルを解くコンピュータが登場しました。

ちなみに、この量子アニーリングを提案したのは日本人です。超伝導技術で小さな粒の集団をコントロールできるようにしたのも日本人の技術力です。そういった日本発のテクノロジーとアイデアが結実して、新しい時代の幕開けを迎えているのです。その時代に活躍するのは、電気の粒や光の粒をはじめとする小さな粒たち。単なる粒ではなく、忍者を従えた風変わりな粒たちです。

頭を使うことも自然の摂理

さてこれまでコンピュータの話が続きました。その中では小さな粒、とりわけ電気の粒が活躍するようです。コンピュータと聞くと自然ではない人工物というイメージがつきまといますから、何か自然に逆らったものという印象があるかもしれません。しかしこのコンピュータも小さな粒でできているわけですから、自然の摂理に抗うことはできません。ここで紹介するように、コンピュータが操るのが得意な「情報」についても、実は自然の摂理が働いているなんて、信じられますか？

小さな粒の活動度合いを測る数字に温度というものがあることはお話ししました。温度が高いと活発になり、スピードが速い動きをする傾向にあります。一方で温度が低いとあまり活動的ではない引きこもりになるという話でした。温度の高い小さな粒の集団と温度の低い小さな粒の集団を一緒にすると、活発なやつもいれば、あまり動かないやつらもいるグループになりますから、全体の活動度合いはちょっと下がってしまいます。これが、温度の高い水と温度の低い水を混ぜると、その中間の温度になるという経験的にもよく知られた事柄で起きていることです。

さて同じことを二つの部屋を使って行いましょう。片方の部屋は暖房で強力に暖め、もう片方の部屋は冷房でガンガンに冷やしておきます。ドアを開け放しておけば、二つの部屋の温度は均一となり、その間の温度になります。

これは次のように言い換えることもできます。片方の部屋には温度が高い粒を選んで整理して用意しました。もう片方の部屋には温度が低い粒を整理して用意しました。しかし、その部屋の仕切りを取ると温度の高い粒と低い粒が入り混じってしまい、せっかく整理しておいたものがバラバラになってしまった、というわけです。これは自然に起こることとして我々が経験していること。絶対に抗うことができない自然の摂理です。タイムマシンの話のところでも紹介したあの話ですね。つまり整理整頓したものは、自然に任せるといつかは散らかってしまう。散らからないようにするためには、自分で整理整頓しないとダメで、自然に任せることはできない。重いものもあれば軽いものもあるので、ひと仕事が必要なわけです。

さてそんな自然の摂理と、その摂理に逆らうためにひと仕事がいるということを知った後で、先ほどの小さな粒たちの整理整頓について考えます。いろいろな動きの粒がゴチャまぜ状態になっているところ、片方の部屋には温度が高くて速く飛び回る粒を、もう片方の部屋には温度が低い遅い粒を分けることにします。基本的には粒が自分で動いているのだから、僕らは何もする必要がなく、あなたはドアのそばで、そのドアを開け閉めするだけでできます。もしあなたが小さな粒の速さを調べることができれば、ドアの開け閉めを調整することで、速い小さな粒を片方の部屋へ、遅い小さな粒をもう片方の部屋へ選り好みすることができます。そうすると、エアコンなしで暖房と冷房がドアを動かすだけで作れてしまうという画期的な発明のできあがりとなります。今のところ、暖房にも冷房にも莫大なエネルギーを利用していますから、そんな簡単に作ることができるのであれば大歓迎です。

でもそんなことができてしまうと、自然の摂理に逆らうのに必要な骨折り仕事がどこにもなく、自動的に整理整頓されていくなんておかしいじゃないか！　という反論が起きるかもしれません。いやいや、どうやって整理整頓をしたのか、落ちついて思い出してみましょう。

粒の様子を見て、こいつは速い、あいつに比べて遅いということを調べるためには記録をする必要があります。粒の様子を見ても適当にドアを開け閉めしては目的が達成できません。ここで整理整頓をしているのは誰でしょうか？

よく考えてみましょう。実は頭の中で粒の情報の整理整頓をしていることに気づくでしょう。ちょうど引越しで荷物を業者が運んでくれるのを眺めている時に、あちらへこちらへと指示する際に、頭の中であの荷物はどうするか、この荷物はどうするか、と割り振りを決めるのに似ています。

このような頭の中の情報の整理整頓には記憶が必要です。コンピュータや電気製品での記憶装置と同じように、僕たちの脳の内部で記憶をさせる部分でも、電気の粒が利用されていることがわかっています。多くの粒の様子を記録して、それらの結果を比較するという動作には電気の粒の操作が必要となるわけです。荷物を動かす手間はないけど、頭を使っている時に電気の粒を動かすひと仕事をしているのです。人間の頭の中身まで含めて考えると、やっぱり必ず整理整頓にはひと仕事が必要というわけです。どうやっても自然の摂理には抗えないのです。

頭の中での情報の整理整頓、こんなものまで自然の摂理に従っているのか、と驚いたかもしれません。この事実には重要なメッセージが含まれていることに気づかされます。人間の脳で行われていることも小さな粒が動作している以上、目の前の机や本と同じものにすぎません。どんなことであっても、量子の仕業で世の中が動いているんだな、ということに気づき始めたのではないでしょうか。

目の前で起きていることと僕たち自身が絡み合って、自然が従うべき法則が成り立っているのです。

生物がものを食べ続ける理由

せっかく整理しておいたものが、バラバラになってしまう。それが自然の摂理です。秩序が崩壊していくともいえます。ずらっと整列させたものは秩序を持っといい、バラバラに崩してしまうとその秩序がなくなるといいます。このことを知った上で様々な場面を眺めると、確かにその自然の摂理が成立しているという事実に気づきます。

最たる例が、老化現象です。細胞分裂を繰り返していても、自分の体は自分の体として秩序を保っています。しかし前にも触れたように、細胞分裂の際にコピーミスを起こして、自分の体の中にちょっと違うものがたまっていきます。だんだんと自分の体という秩序のある状態から、コピーミスの残骸が残ってガラクタだらけの状態に変わっていきます。この法則に抗う方法はないのでしょうか？

一つは骨を折りながらも作業をすること。先ほどの例にあるように整理整頓をするためにひと仕事をするということです。細胞分裂のコピーミスをした場所を見つけて、それを的確に修正することは、非常に骨を折る作業であることは目に見えています。

もう一つは、人間の体以外の物と一緒になることです。実はエアコンが効いた部屋の話がまさにそれです。片方の部屋は温度が高く小さな粒が激しく動いています。もう片方は温度が低く、小さな粒が落ち着いている状況です。温度が高い方は整理整頓が行き届いていない秩序がない状況で、温度が低い方は秩序が少しあるということに気づいたでしょうか。もっと極端な例を挙げるとすれば、片方の部屋には氷を、もう片方の部屋には水を詰めておけばいいのではないでしょうか。氷は小さな粒が綺麗に並んでいるわけですから秩序があり、もう片方の水は、小さな粒が流動性を持っていますので、秩序が失われた状態にあります。これらの部屋の仕切りを取り去ってみましょう。そうすると温度の違う二つの部屋がつながった場合は、温度が高い部屋は温度が下がり、温度の低かった部屋はその温度を上げて、ちょうど二つの部屋の温度は平均的なものになります。氷と水の場合は、氷は溶けて、水はちょっと冷えた水に変わります。水は秩序が崩れた状態から、温度が下がっていますから、少し秩序が回復していることに気づいたでしょうか。もう片方の氷は、氷が溶けて水になったということですから秩序を壊してしまっています。

この例を参考にすると、人間の体に再び秩序を取り戻すためには、人間以外の物とくっつく必要があるということが予想されます。それが、食事です。実際、食事を摂ることで人間は栄養を得て、体を作る源を取り入れます。出てくるものは秩序を失ったものであることにも注目したいところです。その分、人間の体の方の秩序が復活していると考えられます。ものを食べることは、栄養の摂取のためというよく知られた理由以外にも、人間の体の秩序を保つために、実は重要なことだったのです。

抗がん剤が無くなる？

がんという病気があります。正常な機能を持たないがん細胞が発生、それが異常に増殖していくことが原因とされます。直接的に外科手術を行って問題のありそうな部位を切除する治療もよく行われます。しかしがん細胞は小さいものですから、まずどこに発生したかわかりませんし、飛び散ったものが体のどこにいるのかもわかりません。血液やリンパ液の中に入り込めば、全身に拡散してしまう。転移という厄介な問題です。その転移に対して効果的な治療は困難で、免疫療法や抗がん剤による抑制という対策がとられます。特に抗がん剤は、がん細胞を攻撃するなどの効果がある一方、正常な細胞を時に破壊してしまい、体へのダメージが大きいこともよく知られています。

量子を操る新しい技術が盛んに研究されているということを見てきました。小さな粒をうまく操ることで、巧みにがん細胞を見つけて駆除するような技術はできないものでしょうか。現段階では、がん細胞にくっつきやすい薬剤を投与して、その薬剤に向かって攻撃するような治療も可能になりました。誘導ミサイル方式ですね。もしかしたら常に体中を監視しながら、見つけたがん細胞を駆除し続けるような小さなマシンを作ることもできるかもしれません。抗がん剤のように、あたり構わず攻撃してしまうよりもうまく制御できるとなれば、副作用のような悪影響を最小限に抑えることができるかもしれません。

同様に、細胞分裂時に異常を起こさないように監視して、コピーミスをした場合に修正する小さなマシンを作ることもできるかもしれません。そうすることで、人間が長寿命となればなるほど死因として主要なものとなるがんを克服することができ、さらに老化を抑えることで人間の長寿命化が期待されます。

もしかしたら不老不死が可能になる？　と期待されるかもしれませんが、どんなものでも自然の摂理に抗えません。長寿は可能ですが、それでも秩序が崩壊していくことを防ぐために手間をかけなければなりません。医療行為による手間だけではなく普段の生活から、自分の体のケアをしっかり行い、できる限り体の秩序を崩壊させないようにする必要があります。手間をかけて秩序を保つこと——忘れないでください。

人工知能の夢

人間の知能。これを司る部位が脳です。脳を完璧に真似したコンピュータができれば、人工知能ができるのではないか。長い間、人間の夢の一つでした。

脳にはどのような特徴があるでしょうか。周囲の環境を認識して、その情報が神経を伝って脳に届きます。脳はその届いた情報に基づき、どのように行動するかという指令を再び神経回路を通じて送り返します。その時に、脳を構成しているニューロンと呼ばれる部分を繋ぐネットワークを組み替えることが知られています。そのネットワークの間では電気の粒が送られています。よくとる行動やよく持つ思考パターンに対してニューロンのネットワークを増強し、あまりとらない行動や思考についてはネットワークを弱めて電気の粒があまり行き届かないように調整をしていくことで、経験を脳に刻み込んでいると考えられています。これが〝学習〟です。誰しもが最初はどのように行動すればいいか、思考すればいいかはわからないので、何度も学習を繰り返すことで、最善の方策を追い求めるというわけです。

それを人工的に実現するコンピュータを作り、脳のように自律的に学習をするようにしよう——そんな発想から「機械学習」という研究分野が立ち上がりました。そして自ら学習をするだけでなく、自ら判断、発想をして活動をする人工知能の開発を目指そうと世界中で研究競争が進んでいます。機械学習については非常に大きな研究の進展があり、究極的な目標である、人間の脳を模した人工知能の達成に向かい、大きな一歩を踏み出したところです。

何ができるようになったのか、それについて紹介しておきましょう。脳は神経回路を通じて、周囲がどんな状況であるかを知るわけですが、コンピュータ上ではデータを利用するという形で実現します。例えば目で何かを見たということは、画像のデータ、写真のデータを使い、耳で何か音を聞くとなれば、音楽のデータ、音声のデータを使います。そのデータを使った時に、これは何の画像か？　ということをコンピュータが認識できるようになりました。例えば猫と犬の画像を見せて、それは猫なのか、犬なのか、それがコンピュータでも自動的に判別することができました。何だ、そのくらいのことか、と思うかもしれません。しかしコンピュータにとっては大進歩なのです。僕たち人間であれば、写真を見ただけで犬か猫かを区別することなんてたやすいことですが、果たしてどうやって区別しているのか、それを説明することはできますか？　説明できたとしても、それをコンピュータに教えることはできますか？

人間同士であれば、会話を通して説明できるかもしれません。しかしコンピュータと人間が同じように対話することは難しいのです。そう、猫か犬かどうやって区別するのか、どうやって区別したのかはよくわからない上に、コンピュータにそのコツを教えることもできないわけです。しかし現代のコンピュータは、ただ犬と猫の画像を見せることを繰返して学習させていくことで、自動的に区別する能力を獲得したのです。つまりコンピュータがデータを利用して、成長していくという時代を迎えたのです。

コンピュータが学ぶ様子と、人間が世の中のことを学ぶ様子は非常に似ています。脳で起きていることと同じように、コンピュータの内部の設定を変えていくのです。脳の仕組みを研究しながら、その特徴をコンピュータにも反映させていくことで、ついに実現しました。そうなれば猫と犬の区別というありふれたことをさせるだけではなく、レントゲン写真などお医者さんが診断に使ってきた画像を見せて、どの部分に異常があるのか、それは病気になりそうなのかといったことも診断できてしまうということになります。

さらにこの技術は、ありとあらゆる形式のデータ、情報に対して適用可能です。例えば裁判。過去にどんな罪を犯した人がいて、どの人にはどんな法律により、どれだけの刑罰を下すのか、これもコンピュータに学習をさせることによって、人間よりも高速に判決を下すことが可能です。人間であれば長い間ずっと勉強して初めて法律関係の仕事につけるわけですが、コンピュータであればその機能はコピーして流用可能です。膨大な法律に関する知識を学ぶ代わりに、人間は他のことを学び考えられれば、コンピュータと一緒に仕事をすることでさらに革新的なことができるようになるでしょう。

昨日見た夢は何ですか？

人間は寝ている間に夢を見ます。夢を見ているとき、脳の中では〝復習〟が行われている、と考えられています。それまで実際に起きたことを振り返り、ニューロンのネットワークを組み直して記憶の整理をしているとされています。そのため、暗記などをする場合はよく寝ないとダメなのです。脳は寝ている間に記憶の整理をするのですから。

今や、脳のどこの部分が活動しているかということが一目瞭然にわかるようになりました。磁気共鳴映像法、いわゆるＭＲＩという技術です。このＭＲＩの技術も、実は小さな粒を操作して体の中身を見る仕組みになっています。ＭＲＩ装置の中には大きな磁石の力を発生させる超伝導コイルがあります。超伝導を起こしている時には電気の粒が邪魔されることなく流れており、その流れによって巨大な電気の渦を引き起こします。この電気の渦が、磁石の力、磁力の源です。その磁力を受けることで、体の中にある小さな粒全体が綺麗に揃って回転するようになります。渦に飲み込まれて、同じ方向に回るというわけです。さらに電気の渦を動かすことで体の中にある小さな粒を一斉に操作します。その時に電気の粒を伴う小さな粒が動くことで、電磁波が発生します。その電磁波の様子から体の中の小さな粒の様子を探ることができます。たくさん小さな粒がいれば濃く、小さな粒があまりいなければ薄くなるという濃淡画像が、ＭＲＩによって得られる最もポピュラーな画像です。

　この技術を使うと、人間が何かを操作しようと脳を活動させた時に、脳のどこの部分が反応するのか、的確に調べることが可能になりました。何か写真を見せた時に脳のどの部分が反応するかが確認できれば、何を今見ているのかが脳の反応からわかります。この技術を応用して、夢を見ている時の脳活動を調べてみましょう。その結果、昨日見た夢を映像化するという技術ができています。解像度はまだ低く不鮮明ですが、研究が進めばその精度が高まり、本当にビデオやＤＶＤで映画を観るかのように夢を再現することができるでしょう。

これは記憶についても同様で、脳の一部である海馬に人間の記憶が刻まれているということが知られています。その海馬の活動の様子から記憶を取り出すことができるようになりました。誰かが見聞きした経験を別の記録装置に移して、映像化・音声化することで追体験することもできるわけです。またある記憶に対応したパターンの電気信号で海馬を刺激すると、その記憶を植え付けることもできることがわかりました。本当の経験のごとく人の記憶を外部から植え付けることが可能になりました。

ＳＦ映画のようですね。すごい時代がやってきたものです。

機械と人間が繋がる時代

ここまでくればお気づきのとおり、人間の感情や意思を情報から読み取ることもできるようになりました。今ではその技術を利用したおもちゃが普通に販売されています。ＭＲＩによる脳活動の解明結果を利用したものではなく、いわゆる脳波を利用したものですが、高い精度を持っています。脳波も脳の内部で電気の粒を伴う小さな粒が活動しているからこそ発生するものです。いわば小さな粒が騒いでいる声を聞くわけです。興奮している時、緊張している時、落ち着いている時、集中している時などの脳波の状況を調べて、対応する脳波が出た時に、あなたは今こんな心境ですね、と言い当てることができます。集中している度合いとものを動かす装置を連動させれば、まるで念力のように、脳で念じるだけでものを動かすことができてしまいます。機械の力と人間の脳という指令センターを組み合わせることで、人間の体の代わりに機械を用いることができるようになりました。これは体の機能に問題がある人にとっては素晴らしい技術となるでしょう。実際、宇宙物理学者のホーキング博士は筋萎縮性の病を患い、今は目だけが動かせる状態です。彼の目の動きを調べて、どんな言葉を発したいのかを機械が学び、代わりに声を出すというシステムが利用されています。目を動かすこともできなくなったとしても、脳波を使うか脳の活動を測定するかで、彼の考えていること、話したいことを察知する機械までもができつつあります。その時に機械と人間の心を繋いでいるのは、小さな粒たちです。電気の粒の動きを介して、人の思いをメッセージとして機械に届けているわけです。

逆に機械がメッセージを人間に届けるようになることも不可能ではありません。人間の網膜の代わりに、カメラで取得した画像のデータを脳に送り届けることで、目が見えない人の代わりの目となる機械もできつつあります。人間には見えないものでも機械が小さな粒の動きを解析することで見ることができるのであれば、ニュートリノが来た！　と反応したり、紫外線が来た！　と反応したり、普段は人間の目に見えないものを脳に提示することで見えるようになる時代も来るわけです。

マトリックスの世界

随分前になりますが、衝撃的な世界観のもとに製作されたアメリカ映画があります。『マトリックス』（１９９９年）です。人間は電池として機械に培養され絶えず機械のエネルギー源となり、人間の脳同士を機械にくっつけて、人は機械が見せるヴァーチャルリアリティ（仮想現実）の世界で、仮想的に生活を行うというものです。

これはすごい話です。結局僕たちがやっていることの本質は何か、ということをまざまざと示しています。僕たちが住んでいる世界は、物質世界です。周りにはものがあり、ものを使っていろいろなことを実現しています。他人とのコミュニケーションにおいても、ものがあるから……もっと正確に言えば、小さな粒がいるからこそできることです。声を発するには、脳からの指令を電気の粒を通じて、唇や喉、そして肺に送り、空気を吸い込んで吐き出します。その時に喉を震わせて、外の空気に浮遊している小さな粒を揺らすのです。その揺れが伝わって、相手の耳に届きます。耳の中の鼓膜を震わせて、神経回路に電気信号として変換したのち脳に送ります。

他人とのコミュニケーションの目的が脳と脳の相互作用であるならば、別に空気を使う必要もなく、直接脳と脳の間で電気信号を伝えればいいということになります。誰かの姿を見るというのも、目に光の粒を届けて目から電気信号を神経回路に伝えて脳に届けるなんてまどろっこしいことをする必要はなく、直接脳にその信号を送れば済む話です。随分と無駄なことをしているというわけです。それもこの世界が物質世界だったためです。

はて、宇宙の歴史はどういうものだったのでしょうか。ものが作られた歴史でした。最初に何もないところから突然宇宙が生まれて、ものができる材料だけが用意され、実際に小さな粒が作られ、その粒がたくさん集まって物質を作り大きくなって生物を作り出しました。その生物が自分で意識したことを表現するために体を動かして、周りの小さな粒を動かして、他の物質を動かし、他の物質から跳ね返ってくる反応を見て学習をし、自分の意思を他の生物に知らせる。

本当に必要なものは何か？　意思とそれを伝えるものだけです。それを、今の宇宙に用意された物質を使うのか、電気の粒だけを使うのか、それだけの違いだというのがマトリックスの世界感です。仮に意思が物質とは無関係に存在するのであれば、物質はその意思を伝えるために存在することになります。しかし今の生き物を見ていると、物質に意思が宿っているように思われますので、不分離な気もします。本当のところは誰にもわかりません。それはさておき、人間と機械が繋がる時代が近い将来やってきそうだと考えると、マトリックスの世界が実現するのもそう遠くない気がします。

こんなことを考えていくと、様々な疑問が湧くことでしょう。その中から僕が最後に提示したい疑問は、「どこまで機械に置き換えても〝自分〟なのか？」です。

人間の意思はどこから生まれるか

人間も動物も小さな粒の集まりで、それ以上でもそれ以下でもないことから、人間が現状を認識して問題の打開策を思考し行動する意思は、おそらく体の中にある小さな粒の動きから説明されてしかるべきでしょう。ただその全容については、今のところ確かな説明、満足のいく理論はありません。

人間の体のどこまでを機械に置き換えても、自分のままでいられるか？　それを実験することはなかなか難しいことですが、非常に気になるテーマです。不慮の事故で体に損傷を受けた場合、移植手術をしたのちに患者に起きたことを詳細に記録し、それを積み重ねていくような形でしか今のところは知りえないことです。

麻酔により人間の意識は遠のきますが、その機構をしっかりと理解することで、少なくとも人間の意識がどのようなメカニズムで存在するのかに迫れるでしょう。

実際にロジャー・ペンローズという数理物理学者が、麻酔科医のスチュワート・ハメロフとともに提示した理論では、意識というものは、小さな微小管という箇所で生じるという仮説を提唱しています。微小管というのは細胞の中にある、名前のとおり非常に小さい部位の名前です。量子が人間の意識に関与しているという仮説です。しかしまだはっきりとしたことは言えませんし、正しいかどうかもまだ確証はありません。

意思についてもそうです。ニューロンのネットワークの間で電気の粒をやりとりすることで、外からの刺激に対してどのように反応するといいかという判断がされているかもしれませんが、結局そこに自分の意思が反映されているのか、ということが注目すべきポイントでしょう。外からの刺激にただ反応するだけであれば、自分の意思があろうがなかろうが関係のないことです。僕らは自分の中の最も興味深い部分である「意思」に対して、あまりにもわかっていないことが多いのです。

今も人類の未解決問題であり、確かなことは言えませんが、やっぱりこういうところにも量子の世界のふるまいが見え隠れしているところだけは予感していただけたと思います。外からの刺激に対して大きな球であれば、僕らの常識の範疇《はんちゅう》で予想のつく動きをします。しかし生き物の行動は、高度になればなるほど、単なる反応ではなくそのときどきで自分の意思で判断し、同じ結果にはなりません。その都度その都度、異なる決断をします。それは縞模様ができたときのように、ありとあらゆる可能性を考慮して、その可能性を組み合わせて新しい決定を下しているようにすら思えます。もしかしたら僕らの意思決定も忍者が案内をしているのかもしれません。

生物が生きているメカニズムに、量子のルールや性質が利用されていることをいくつか紹介してきました。生物が中途半端に大きく、小さな粒の世界に片足を突っ込んでいて、体は大きいけれどその体内の細胞は小さな粒を駆動して生きていることを知ってしまうとどうでしょう。環境に作用されず自立して生きていくために、量子忍法壁抜けの術を使い、忍者の検索能力を活かしている証拠が出てくるごとに、生物の本質はこの量子の世界にありそうだな、と強く感じます。驚くべきことに、生物の温度はそこまで冷たくない。活発にそれぞれの小さな粒が動いているのに、壊れた機械のように変な動きはしません。温度が高いと乱雑な動きを示すはずの小さな粒が、うまくコントロールされて、僕らの体を動かしています。
人類は、量子コンピュータというまったく新しいコンピュータを作ろうというところまで来ました。小さな粒を自由自在に制御するという難しいことに挑戦をしているところです。そのヒントは、これまでのような無骨な機械の作成技術ではなく、生物の理解にあると思います。どうも生物はすでに量子の世界のことを知り尽くしているようですから。生物の理解によって、小さな粒のうまい操り方を知り、新しいコンピュータができるとすると、将来待っているであろう生物とコンピュータの融合は自然なことだと思えてきます。少し前までは不思議なSFの世界の話でした。しかしそれは僕らが実現しつつある未来の形そのものなのです。

そう考えると、猫型ロボット「ドラえもん」……きっとできるに違いありません。ドラえもんはまさに生物とコンピュータの融合です。藤子・F・不二雄先生はこんな先の未来まで見つめていたのでしょうか。

科学者の心

ドラえもんを作りたい。ある日、自分の子供がそんなことを言い出したらどうしたらいいでしょうか。この本を読んだ人なら、その作り方は身近な小さな粒にヒントがあることにお気づきかもしれません。

子供がそう言い出したら大人も思い出してみましょう、子供の時のことを。きっとＳＦ話に興奮して夜も眠れない頃があったはずです。ふっと湧いてきた疑問を親にぶつけたことがあったはずです。その疑問は、実は科学の最先端の話で、新しい発見で初めて解き明かされたものもあったはずです。科学はそうした人間の疑問と知識の積み重ねです。だからみんなが目の前にあることに興味を持ち続けていることが大切なのです。子供が新しい発見をするかもしれない、そのきっかけとなる重要な疑問を持っているかもしれない。ちょっと聞いたら笑ってしまうような疑問も、実はきちんと答えるには難しいことがいっぱいあります。どうして人は物を食べるの？　栄養の摂取のため、という教科書どおりの説明以上に理由があったなんて、ほとんどの読者は思ってもいなかったはずです。だからこそ、子供にとって心に浮かんだ疑問をそっと打ち明けられる場所があることこそが、一番大事なのだと思います。

これを読んだ皆さん、ちょっと外を眺めてみたら世界が変わって見えるのではありませんか？　子供のような目線を取り戻した人もいるのではないでしょうか。

そうだとしたら、うふふふふ（ドラえもん風）、僕のもくろみも達成です。

さいごに

ドラえもんの道具で皆さんが子供の時に「欲しい！」と強く願ったものはなんでしょうか。どこでもドア、タイムマシン、タケコプター。

小学館の編集者から「量子」に関する本を、と依頼されてすぐ思ったのは、

「小学館ならドラえもんだろう！」

です。単純な僕は、すぐ、ドラえもんのひみつ道具を思い出してみることから始めました。そうすると、時間や空間を自由自在に操る道具が多いことに気づきました。ドラえもんが描かれた時代を反映してのことだと思います。科学的興味が多く注がれる、時間と空間の関係性に注目した相対性理論が人々の想像力をかきたてたことも背景にあるでしょう。映画や漫画、ゲームなど多くの作品に、その概念は広く利用されています。また相対性理論については多くの書籍にわかりやすい例えや解説があり、よく知られていたから題材と

して選ばれることになったのでしょう。

そもそもドラえもんは未来から来ているのですから、時間を自由自在に扱えないと話の制約上都合が悪いという側面もあります。でも僕も一介の物理学者ですから、面白いのは相対性理論だけじゃないんだよなあ、と思いながらドラえもんのひみつ道具を眺めていました。そこで「量子」の本を書くのだから、ということで現代物理学の基礎を成す「量子力学」的な要素を利用した道具はないものか？　という気持ちになり、いろいろ調べてみました。でも、探してみるとなかなか見つからない。ある程度の数の読者が知っていて、量子の世界の変わった性質を利用して実現するような、または量子の世界を垣間見ることのできる道具は本当に限られていて、それだけ量子の世界は、一般には遠く離れた世界のように感じられているのだな、ということに気づかされました。

世の中には量子力学や、量子の世界、この本では小さな粒と表現した素粒子に関する専門的な本が溢れています。そのような中で、一般向けにこういう本を書く意味はどれだけあるのだろうか、考え込んだ時期もあります。誰がそういう本を読むのか？　と考えもしましたが、量子は僕たちの体を形作っているものであり、毎日、誰もが密接に関わっています。日常生活に関係する現象の前に、理系かどうか、科学が好きかどうか、そんなことの区別があるだろうかという気持ちが、原稿を書いていくうちに高まりました。

そういうわけで、この本には、理系・文系も関係ありません。誰もが読める、誰にでも読んでもらいたい本にしようと考えて書きました。読むためにまだまだ抵抗がある人がいるかもしれません。できるだけそういった壁を取り去ろうとがんばってみましたが、なかなか難しいものです。最後は皆さんに量子忍法壁抜けの術を覚えてもらう必要があるかもしれません。人間の固定観念は、意外と小さなきっかけでスルッと壁抜けできたりするものです。人間が新しいことに挑戦しようと決意するのも、量子の仕業だったりして？

僕が今のような科学者を目指したきっかけは、記憶の限り思い出してみたところ、小学生の頃に、母がひとり言のようにつぶやいたたった一つの問いかけでした。

「宇宙の端っこってどうなっているんだろうね？」

その言葉を聞いてから、僕は学校の図書室で宇宙に関する本を片っ端から読みふけりました。中でも一番魅力があったのは、ブラックホールに至るまでの天体の様子を描いた本と、太陽系の惑星がどんな組成を持つかを詳細に書き記した事典でした。この二つの本は、今でも表紙と中身の様子、一つ一つの絵や写真を思い出せるくらい鮮烈に記憶に残っています。

僕は、人を突き動かすのはたった一つの問いで十分だと思います。その問いを見つけて、どれだけ未来につなげていくか。それが僕ら科学者の最大の仕事ではないかと、この本を書いて改めて思い出しました。

最後になりますが、この本を書くきっかけと機会を与えてくださった下山明子さんをはじめ小学館の方々。知識不足を埋めるために議論してくれた研究者の方々。わかりやすい記述を追求するために誤字脱字だらけの原稿にコメントをいただいた皆さん。どうもありがとうございました。

この宇宙以外の「パラレルワールド」にいる「僕」が見たらきっと羨ましいと思う宇宙に、僕らはいると思います。いつか、別の「僕」に話を聞いてみましょうか。
そんなことはできないと今の科学は言いますが——

もしかしたら、できるかもしれない。
もしかしたら、それを実現するのは読者の皆さんかもしれません。
少し不思議な未来が実現できるんじゃないか、僕はそう思います。

大関　真之

2017年1月

大関 真之 おおぜき・まさゆき

1982年東京出身。東京工業大学理学部物理学科卒業、2008年同大大学院博士課程早期修了、駿台予備学校物理科非常勤講師、京都大学大学院情報学研究科システム科学専攻助教、ローマ大学物理学科研究員を経て、東北大学大学院情報科学研究科応用情報科学専攻准教授。博士(理学)。2016年文部科学大臣表彰若手科学者賞ほか受賞。著書に『機械学習入門　ボルツマン機械学習から深層学習まで』(オーム社)など。

カバーデザイン　渡邊民人(TYPEFACE)
本文デザイン　清水真理子(TYPEFACE)
イラスト　土田菜摘

編集　下山明子

先生、それって「量子」の仕業ですか？

2017年2月4日　初版第1刷発行

著　者　大関真之
発行人　菅原朝也
発行所　株式会社　小学館
〒101-8001
東京都千代田区一橋2-3-1
電話　編集　03(3230)5724
販売　03(5281)3555

印刷所　大日本印刷株式会社
製本所　牧製本印刷株式会社

Printed in Japan　ISBN978-4-09-388515-7